高等学校"十三五"规划教材

有机化学实验

第二版

李 红 主编

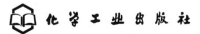

·北京·

《有机化学实验》（第二版）在简单介绍实验基本常识之后，结合具体实验项目对有机化学实验中的基本操作进行了详细介绍，随后是 19 个普通有机化合物的制备和性质实验。为了贴合工科类院校的需求，又选取了 19 个代表性的精细有机化学品的合成及高分子化学实验。最后一部分为 14 个有机化合物的分离、定性鉴定和定量测定实验。本书实验项目选取有代表性，可操作性强，有利于培养学生的综合实验能力。

《有机化学实验》（第二版）可作为高等院校化学类、化工类、材料类、生物类、环境类、食品类、轻化工程类等专业的本科生教材，也可供相关人员参考。

图书在版编目（CIP）数据

有机化学实验/李红主编. —2 版. —北京：化学工业出版社，2018.2 （2022.11重印）
高等学校"十三五"规划教材
ISBN 978-7-122-31162-7

Ⅰ.①有⋯ Ⅱ.①李⋯ Ⅲ.①有机化学-化学实验-高等学校-教材 Ⅳ.①O62-33

中国版本图书馆 CIP 数据核字（2017）第 301013 号

责任编辑：宋林青　　　　　　　　　　装帧设计：韩　飞
责任校对：王　静

出版发行：化学工业出版社（北京市东城区青年湖南街 13 号　邮政编码 100011）
印　　刷：三河市双峰印刷装订有限公司
787mm×1092mm　1/16　印张 10½　字数 254 千字　2022 年 11 月北京第 2 版第 4 次印刷

购书咨询：010-64518888　　　　　　　　售后服务：010-64518899
网　　址：http://www.cip.com.cn
凡购买本书，如有缺损质量问题，本社销售中心负责调换。

定　价：25.00元　　　　　　　　　　　　　　　　　　　　　版权所有　违者必究

前　言

本书是根据工科类院校有机化学教学大纲的要求，以基础有机化学实验为主干，适当编入精细有机合成实验、有机分析实验、高等有机化学实验和高分子化学实验而成。

本书是在2007年广东工业大学有机教研组编写的《有机化学实验》基础上，经过十年的教学实践，重新修订、校核、添加而成的。本书包括五大部分内容：第一部分为实验基本常识；第二部分为基本操作；第三部分为普通有机化合物的制备和性质；第四部分为精细有机化学品的合成及高分子化学实验；第五部分为有机化合物的分离、定性鉴定和定量测定。本书是编者多年教学经验的总结和资料的积累，书中所列实验，均经编者多年实验教学验证。

与国内其他院校出版的有机化学实验教材比较，本书有两大特点：第一，本书内容的重点是基础有机化学实验，但又有意扩展了实验内容，即安排了一定数量的有机合成、有机分析和高分子化学实验。我们认为这样处理可更好地适应工科院校多专业、多课程的需要，且更接近有机化工生产的实际。实验内容的扩展，使不同专业、不同课程的老师都有足够的选择余地；第二，本书用了相当篇幅编写附录，目的是方便广大师生随手翻查有关有机化合物的常数和性质，减少查找手册的不便。

本书由李红主编，参加编写的老师有邓旭忠、关燕霞、谢珍茗、蔡宁、李先玮、周丽华等。初稿及修改稿完成后由李红老师负责全书统稿，再根据校外同行专家的修改意见作了全面的校核和修订。

限于编者水平，书中疏漏之处在所难免，请多提宝贵意见，以激励我们不断完善！

编　者
2017年10月

目　　录

第一部分　实验基本常识 …………………………………………………… 1

第二部分　基本操作 ………………………………………………………… 5

　　实验一　塞子打孔和玻璃管的加工 ……………………………………… 5
　　实验二　常压蒸馏和沸点测定 …………………………………………… 8
　　实验三　分馏 ……………………………………………………………… 11
　　实验四　减压蒸馏 ………………………………………………………… 15
　　实验五　水蒸气蒸馏 ……………………………………………………… 20
　　实验六　重结晶提纯法 …………………………………………………… 23
　　实验七　萃取 ……………………………………………………………… 26
　　实验八　升华 ……………………………………………………………… 30
　　实验九　熔点的测定 ……………………………………………………… 32
　　实验十　折射率的测定 …………………………………………………… 37
　　实验十一　旋光度的测定 ………………………………………………… 39

第三部分　普通有机化合物的制备和性质 ………………………………… 42

　　实验十二　乙酸乙酯的制备 ……………………………………………… 42
　　实验十三　1-溴丁烷的制备 ……………………………………………… 43
　　实验十四　乙酸正丁酯的制备 …………………………………………… 44
　　实验十五　1,2-二溴乙烷的制备 ………………………………………… 46
　　实验十六　环己酮的制备 ………………………………………………… 47
　　实验十七　乙醚的制备 …………………………………………………… 48
　　实验十八　硝基苯的制备 ………………………………………………… 49
　　实验十九　苯胺的制备 …………………………………………………… 50
　　实验二十　乙酰苯胺的制备 ……………………………………………… 51
　　实验二十一　甲基橙的制备 ……………………………………………… 52
　　实验二十二　邻苯二甲酸二丁酯的制备 ………………………………… 53
　　实验二十三　苯乙酮的制备 ……………………………………………… 55
　　实验二十四　苯乙醚的制备 ……………………………………………… 56
　　实验二十五　甲烷和烷烃的性质 ………………………………………… 57
　　实验二十六　不饱和烃的制备和性质 …………………………………… 59
　　实验二十七　醇和酚的性质 ……………………………………………… 62
　　实验二十八　醛和酮的性质 ……………………………………………… 65

  实验二十九 羧酸及其衍生物的性质 ································· 67
  实验三十 胺的性质 ·· 69

第四部分 精细有机化学品的合成及高分子化学实验 ············ 72
  实验三十一 扑热息痛的合成 ·· 72
  实验三十二 紫罗兰酮的合成 ·· 74
  实验三十三 酸性橙的合成 ·· 75
  实验三十四 苋菜红的合成 ·· 77
  实验三十五 N,N-二乙基间甲苯甲酰胺的合成 ··················· 78
  实验三十六 液体油氢化合成硬化油 ··································· 80
  实验三十七 乙酸苄酯的相转移催化合成 ······························ 83
  实验三十八 尼泊金乙酯的合成 ··· 83
  实验三十九 十二醇硫酸钠的合成 ······································· 84
  实验四十 甘露糖醇的合成 ·· 85
  实验四十一 格氏（Grignard）试剂的合成及应用 ··············· 86
  实验四十二 乙酰乙酸乙酯的合成 ······································· 88
  实验四十三 喹啉的合成 ·· 89
  实验四十四 己内酰胺的合成 ··· 91
  实验四十五 燃烧法鉴定几种塑料和纤维 ···························· 92
  实验四十六 苯乙烯与二乙烯苯的悬浮共聚 ························· 93
  实验四十七 苯酚甲醛的缩聚反应 ······································· 94
  实验四十八 醋酸乙烯酯乳液聚合——白乳胶制备 ·············· 95
  实验四十九 有机玻璃的解聚 ··· 96

第五部分 有机化合物的分离、定性鉴定和定量测定 ············ 98
  实验五十 柱色谱 ·· 98
  实验五十一 薄层色谱法 ·· 99
  实验五十二 氨基酸的纸色谱 ·· 100
  实验五十三 有机化合物和元素的定性鉴定 ······················· 101
  实验五十四 有机含氮化合物及蛋白质的测定——凯尔达尔（Kjeldahl）法 ············ 107
  实验五十五 有机含卤化合物的测定——氧瓶燃烧法 ·········· 109
  实验五十六 油脂碘值的测定——碘的乙醇溶液加成法 ······· 111
  实验五十七 醇类的测定——催化乙酰化法 ······················· 113
  实验五十八 醛与酮类及醛酮总量的测定——羟胺法（酸碱电位反滴定） ··· 114
  实验五十九 糖的标准分析法——兰-埃农法（Lane and Eyno's method） ··· 116
  实验六十 淀粉的含量测定——旋光度测定法 ······················ 118
  实验六十一 酯类的测定——皂化容量法及色谱法 ············· 119
  实验六十二 紫外光谱法测定安息香含量 ··························· 121
  实验六十三 红外光谱的测试技术及应用 ··························· 122

附录 ·· 127
  附录一 常见有毒和危险有机化学品简介 ······························· 127

附录二　常用有机化工原料简介 …………………………………………………… 141
附录三　常见有机化合物的溶解度 ………………………………………………… 155
附录四　常用元素原子量表 ………………………………………………………… 158

主要参考文献 ……………………………………………………………………………… 159

第一部分
实验基本常识

一、有机化学实验目的

有机化学实验是化学学科的一个重要组成部分。尽管由于现代科学技术的迅猛发展，使有机化学从经验科学走向理论科学，但它仍是以实验为基础的科学，特别是新的实验手段的普遍应用，给有机化学实验注入了新的活力。

有机化学实验目的：

1. 通过实验，使学生在有机化学实验的基本操作方面获得较全面的训练。
2. 配合课堂讲授，验证和巩固扩大课堂讲授的基本理论和知识。
3. 培养学生正确观察、精密思考和分析问题的能力以及整齐、清洁的实验习惯。
4. 培养学生严肃认真的工作态度，实事求是的工作作风。

二、有机实验室注意事项及常见事故处理

（一）实验注意事项

1. 实验前应做好一切准备工作，预习实验指导书，做到心中有数，防止实验时边看边做，降低实验效果。
2. 实验者进入实验室后，应首先了解熟悉实验室的水电开关位置及消防装置急救用品的放置地点和使用方法。
3. 开始实验前应首先检查即将使用的仪器设备有无破损，若有，应立即向指导教师或实验室管理人员报告更换。
4. 实验中应遵从教师的指导，严格按照实验指导书所规定的步骤进行实验。所用到的各种化学试剂也应按实验指导书和指导教师的规定使用，严禁违章操作。
5. 实验中应保持安静和遵守纪律。实验时，精神要集中，操作要认真，观察要细致，思考要积极，要如实认真地做好实验记录。
6. 实验过程中，非老师许可，不得擅自离开。
7. 在实验过程中，应经常保持实验台面和地面的整洁，暂不用的器材，不要放在台面上，以免碰倒损坏。任何固体物质不能投入水槽中，废酸和废碱液应小心地倒入废液缸内。
8. 一旦发生事故，不要惊慌失措，要及时向指导教师和实验室管理人员报告，并迅速关闭气源和电源，采用正确有效的方法进行处理。
9. 实验完毕离开实验室时，应把实验结果交指导教师确认。须整理好台面，公共器材要放回原处，如有仪器损坏要办理登记换领手续。
10. 学生轮流值日。值日生应负责整理公用器材，打扫实验室，倒净废物缸，检查水、电、煤气，关好门窗。

（二）常见事故处理

在实验中若不慎接触腐蚀性化学药品，应马上作出处理。

1. 浓酸烧伤：应立即用大量水洗，然后用3%～5%碳酸氢钠溶液洗涤，并涂抹烫伤药油。
2. 浓碱烧伤：应立即用大量水洗，然后用1%～2%硼酸溶液冲洗，最后再用水洗，并涂上油膏。
3. 溴烧伤：应立即用大量水冲洗，再用酒精清洗至无溴液，然后涂上鱼肝油软膏。
4. 若有腐蚀性药品溅入眼内，应立即用大量水清洗后（金属钠除外），送医院作进一步治疗。

三、仪器的洗涤与干燥

（一）洗涤

清洗实验仪器是实验的一个重要部分，保持仪器清洁，是化学工作者应有的良好习惯。仪器使用后应立即进行清洁，清洁方法是趁热将仪器连接处拆开，将仪器内外部用毛刷刷洗，必要时，用少许清洁剂及氯仿、丙酮等其他溶剂进行清洁，最后用清水冲洗干净。若上述方法仍未能将仪器洗干净，可加入少量洗液浸泡仪器，然后刷洗。

（二）干燥

仪器清洁干净后，一般可晾干，烘干（计量仪器、冷凝管等不宜用烘箱烘）。

四、实验预习、实验记录和实验报告

（一）实验预习

学生在本课程开始时，必须阅读本书第一部分有机化学实验基本常识。在进行每个实验之前，必须认真预习有关的实验内容，并做好预习笔记，预习笔记做在实验记录本上，开始实验前由实验指导教师负责检查预习情况，未作好预习的学生，不得进行实验。实验预习的内容应包括：

1. 实验目的及原理；
2. 所需仪器、试剂以及它们的使用方法和特性；
3. 实验步骤；
4. 预计的实验结果；
5. 实验注意事项。

（二）实验记录

每位学生必须认真做好实验记录，实验记录在专门的实验记录本上进行，不能用活页纸或其他零散纸张代替。实验记录本必须保持完整，不得随意撕下其中某页。实验记录必须忠于实验的真实性，若发生记录错误，可以用笔划杠或打取消符，但不得涂改或擦去。实验记录内容应包括实验的全过程，如加入药品的数量，仪器装置，每一步操作的时间、内容和所观察到的现象（包括温度、颜色、体积和质量的数据等）。

（三）实验报告

实验报告是对整个实验的总结，学生必须认真及时地对实验数据进行整理、计算和分析，对实验中出现的现象与问题，应加以分析和讨论，总结经验教训，认真写出实验报告。实验报告必须手写，不得用计算机打印。

实验报告应包括如下内容：

1. 实验目的；
2. 简要实验原理（包括反应式）；
3. 所用试剂及规格、用量；
4. 简要实验步骤；
5. 实验装置图；

6. 实验注意事项；
7. 实验现象、结果记录、产率计算、产品性状；
8. 讨论；
9. 思考题。

五、有机化学实验常用仪器

有机化学实验常用的玻璃仪器可分为非标准口玻璃仪器和标准磨口玻璃仪器。非标准口

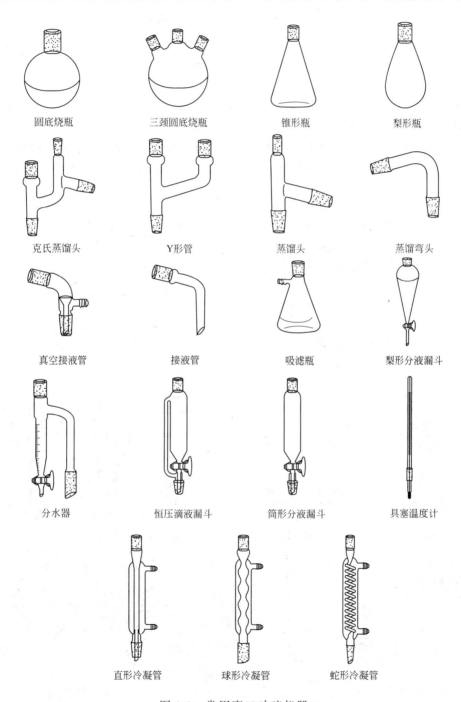

图 1-1　常用磨口玻璃仪器

玻璃仪器可通过橡皮塞或软木塞连接,但需要在橡皮塞或软木塞上钻孔。非标准口玻璃仪器在安装成有机实验装置时比较费力、费时,且装置连接处紧密程度较差,容易产生漏气现象,但价格较低。标准磨口仪器是带有标准内磨口或标准外磨口的玻璃仪器,相同编号的标准内外磨口可以互相连接,用转换接头,也可将不同口径的磨口仪器连接起来。使用磨口仪器可以避免使用塞子作为连接头,可以省力、省时,加强装置连接紧密程度,因此,标准磨口玻璃仪器已被广泛使用。常见标准磨口玻璃仪器编号及尺寸见表1-1。

表 1-1 常见标准磨口玻璃仪器编号及尺寸

编号	10	12	14	19	24	29	34
大端直径/mm	10.0	12.5	14.5	18.8	24.0	29.2	34.5

使用磨口仪器时,应注意:
1. 磨口必须清洁,无杂物,否则由于磨口连接配合不紧密而导致泄漏,甚至损坏磨口。
2. 仪器使用后,应及时清洁,以免磨口连接处发生粘接而不易拆卸。
3. 在安装仪器时应小心,磨口连接处不应受弯曲引起的张力作用,否则会损坏磨口。

图 1-1 和图 1-2 分别是常用的磨口玻璃仪器及其他常用仪器。

电热套　　布氏漏斗　　热水漏斗

图 1-2 其他常用仪器

六、有机化学实验常用装置

有机化学实验常用装置如图 1-3 所示。

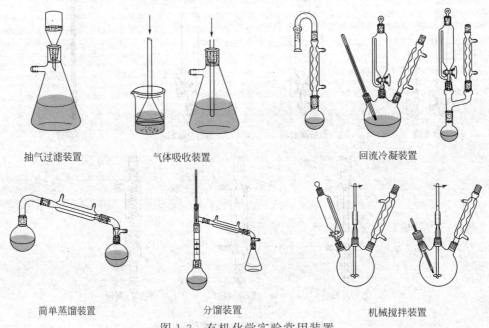

抽气过滤装置　　气体吸收装置　　回流冷凝装置

简单蒸馏装置　　分馏装置　　机械搅拌装置

图 1-3 有机化学实验常用装置

第二部分 基本操作

实验一 塞子打孔和玻璃管的加工

一、实验目的

练习塞子打孔和玻璃管的简单加工。

在有机化学实验特别是制备实验中,常常要用不同规格形状的玻璃管和塞子等配件,才能将各种普通的玻璃仪器(非标准磨口的圆底烧瓶、三口烧瓶、蒸馏瓶、冷凝管、温度计、分液漏斗、氯化钙干燥管、搅拌器封管等)装配成一套实验装置。因此,掌握塞子的选用及打孔和玻璃管加工的方法,是进行有机化学实验必不可少的基本操作。

二、实验步骤

(一) 塞子的打孔

实验室中常用的塞子是软木塞和橡皮塞。有机化学实验中,一般使用软木塞,其好处是不易和有机化合物起作用。而橡皮塞则易受有机物的侵蚀而溶胀,在高温下会变形,且价格也较贵。但是,在要求密封的实验中,例如抽气过滤和减压蒸馏等,就必须使用橡皮塞,以防漏气。

1. 塞子大小的选择

所选用塞子的大小,应与所塞仪器颈口相吻合,塞子进入瓶颈或管颈的部分,不能少于塞子本身高度的 1/3,也不能多于 2/3。如图 2-1 所示。

2. 打孔器的选择

打孔用的工具叫打孔器(也叫钻孔器),这种打孔器是靠手力打孔的。也有借助机械力打孔的工具,叫打孔机。一套打孔器,有几种大小不同的孔径尺寸供选择。在软木塞上打孔,所选用的打孔器的孔径,应比欲插入的玻璃管等的外径稍小,而在橡皮塞上打孔,则要选用孔径比欲插入的玻璃管等的外径稍大的打孔器。因为橡皮塞有弹性,孔道钻成后,会收缩使孔径变小。在塞子上所钻孔径的大小,应以既能使玻璃管或温度计顺利插入,又能保持

图 2-1 塞子的配置

插入后能紧密贴合而不漏气为度。

3. 打孔

软木塞质地疏松，打孔前可先将软木塞在滚压器上滚实再打孔。没有滚压器时也可用两块木块代替（见图 2-2 和图 2-3），经滚压后，软木塞内部结构均匀密集。

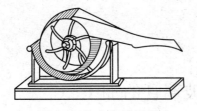

图 2-2　软木塞滚压器

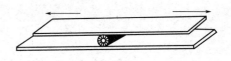

图 2-3　利用木板滚压软木塞

钻单孔时，把塞子小的一端朝上，平放在桌面上的一块木板上。这块木板的作用是避免当塞子被钻通后，钻坏桌面。先用手指转动打孔器，在塞子的中心割出印痕，然后左手扶紧塞子，右手握住打孔器，一面按同一个方向均匀地旋转打孔器，一面略微用力向下压（见图 2-4）。这时打孔器应始终与桌面保持垂直。如果发现二者不垂直，应及时加以纠正，待钻到塞子厚度的一半时，即按反方向旋转拔出打孔器，用铁条捅掉打孔器中的塞芯和碎屑，再用同样的方法从塞子的另一端钻孔，直至钻通为止。

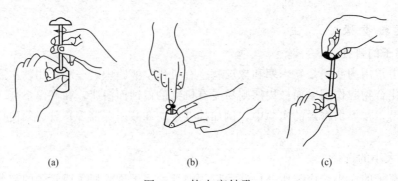

(a)　　　　　　　　(b)　　　　　　　　(c)

图 2-4　软木塞钻孔

钻双孔时，务必使两个孔道笔直且互相平行，否则，插入管子后，两根管子就会歪斜或交叉，致使塞子不能使用。

打孔时，可先用水、肥皂水或甘油水溶液润湿打孔器的前端，以减少摩擦。旋入打孔器的力量要均匀合适，否则，会造成孔道表面粗糙，孔道扭曲，孔径过度缩小或粗细不均。若孔径略小或孔道稍有不光滑，可用圆锉修整。

打孔器用久后，口刃易钝，可用圆锉修磨其口刃内圆，用平锉修磨其外圆，或用修孔器修磨。

（二）玻璃管的加工

1. 清洗玻璃管

所加工的玻璃管，应视实验要求清洗干净。对较粗的玻璃管，可以用两端缚有线绳的布条通过玻璃管，来回抽拉，擦去管内脏物。弯制用的玻璃管，可用自来水及清洁剂洗涤，蒸馏水冲洗，干燥后使用。制作熔点管等用的玻璃管，需用洗涤剂、洗液（或盐酸）洗涤，再用自来水、蒸馏水冲洗，干燥备用。干燥时，可在空气中晾干、用热空气吹干或在烘箱中烘干，但不宜用灯火直接烤干，以免炸裂。

2. 切断玻璃管

（1）冷切

左手持管，将玻璃管平放在实验台上，用锉刀在欲切断的地方向一个方向锉划2～3次，在管上刻划出一条清晰、细直的深痕。注意不可来回锉，否则会损伤锉刀的锋棱，且会使锉痕变粗，断口不齐。折断玻璃管时，用双手握管，两手的拇指顶着锉痕背面的两边。左右手以七分拉三分弯折的方向前推，玻璃管即可从锉痕处平整地断开（见图2-5）。断口处边沿锋利，必须在火中烧熔使其圆滑，直至管口平滑为止，切不可熔烧过久，否则管口收缩变小。

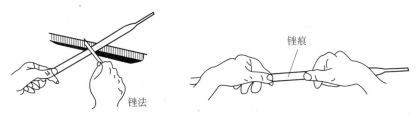

图 2-5　锉刀的使用及锉法

（2）热切（灼烧玻璃球断法）

该法适用于粗管或靠近管端部分的折断，可先用锉刀在欲切断处割一锉痕，再用一根末端拉细的玻璃棒，在距顶端2～3cm处，用煤气灯的氧化焰加热到红热（截断软质玻璃管时）或白炽（截断硬质玻璃管时），使成圆球珠状，然后把它压触在锉痕处，玻璃管即可沿锉痕裂开。若一次裂痕未扩展至整圈，可依此法再烧2～3次，直至玻璃完全断开。断开处可在火焰中烧熔使之变光滑。

3. 拉制玻璃管

选用清洁干燥的玻璃管，先用弱火焰将玻璃管烤热，然后慢慢调节灯焰，使之成强火焰。在强火灼烧中，不断转动玻璃管，使之受热均匀，并消除玻璃管软化后因重力造成的下垂变形，使管轴保持在同一轴线上。待玻璃管由黄变软后，从火焰中取出，左右以同样速度使管边转动边拉伸，拉伸时先慢拉，然后用力拉伸，拉成的细管和厚管必须在同一轴线上（见图2-6）。

（1）拉制滴管

取清洁干燥的、直径为5～6cm的玻璃管，截成15cm长，双手握管，在煤气灯强火焰中烧管中部，并令管向同一方向转动。当开始烧软时，两手轻轻向里挤，以加厚烧软处的管壁。再经烧软后，将管离开火焰，双手边向同一方向转动管，边慢慢趁热拉出适当管径的细

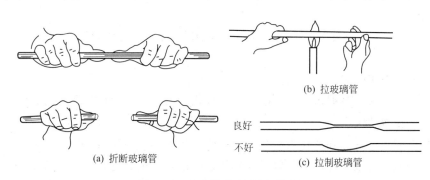

图 2-6　玻璃管的折断和拉制

管。拉好后的玻璃管放在石棉网上晾冷，再于拉细处截断成适当长度，然后在弱火焰上把管口烧圆。

(2) 拉制测熔点用毛细管

取预先按要求清洁并干燥的玻璃管，双手握管在煤气灯强火焰上烧，烧时不断转动管，还需交换角度上下转动，目的是要烧的面积大，受热均匀。当烧得很软时，离开火焰，边转动边将管拉细。当中间部分的粗细符合要求（直径1～1.5mm）时，可稍停顿一下，以便使中间部分冷却。然后再继续拉两端较粗部分。这样可避免中间拉得太细而两头又太粗。拉的过程中的不断转动也是不可忽略的，否则难以保证毛细管仍保持圆形而会拉成扁管。拉好后的管在石棉网上冷却后，截断成5～6cm长的段。将毛细管一端在弱火焰边沿处不断来回转动以封口。尽可能令底封得愈薄愈好，这样传热较快。

4. 弯玻璃管

连接仪器有时需用弯成一定角度的玻璃管。制作弯管时，需根据玻璃管质地的软硬调节火焰强弱和灼烧面积，否则在弯管时易发生歪扭和瘪陷。硬质玻璃需用较强的火焰加热。若玻璃管需被弯成较小的角度，则采用多烧多弯的方法较为稳妥。方法是双手握管，将管倾斜一定角度，在煤气灯强火焰上灼烧，并不断用双手等速缓慢地旋转玻璃管，使受热均匀。为加宽受热面，可在灯管上套一鱼尾灯头。当烧至玻璃管变软时，即可离开火焰，轻轻地顺势弯成一定角度。然后，于靠近已烧过的部位之处再烧，再弯一次。以此类推，直至弯成所需的角度。一次弯得太多易使弯曲部分瘪陷纠结（见图2-7）。注意在烧管及弯管时，均应注意不要扭动，否则弯管两侧不在同一平面上而变得歪扭。弯好的玻璃管用小火烘烤一两分钟（退火处理）后，放在石棉网上冷却。

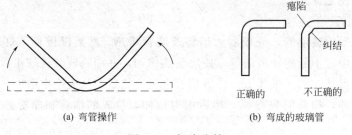

(a) 弯管操作　　　　(b) 弯成的玻璃管

图 2-7　弯玻璃管

在弯管操作中要注意：①两手旋转玻璃管的速度要一致，否则易造成歪扭；②受热程度要适当，过热过冷都会造成瘪陷；③加热时，握管双手不能外拉或内推，否则造成管径不均。

实验二　常压蒸馏和沸点测定

一、实验目的

了解蒸馏的意义，掌握采用常压蒸馏法分离提纯有机化合物的原理和方法。

二、实验原理

蒸馏广泛应用于分离和纯化有机化合物，它是根据混合物中各组分的蒸气压不同而达到分离目的的。蒸馏可以把挥发性的物质与不挥发性的物质分离开，也可分离两种以上沸点相差较大（至少30℃以上）的液体混合物。通过蒸馏，还可测出化合物的沸点，所以，对鉴定纯粹的液体有机化合物也具有一定的意义。

一个液体的蒸气压 p 是该液体表面的分子进入气相的倾向大小的客观量度。实验证明，液体的蒸气压只与温度有关，即液体在一定温度下具有一定的蒸气压，此压力是指液体与它的蒸气平衡时的压力，与体积中存在的液体和蒸气的绝对量无关。当液体的温度不断升高时，蒸气压也随之增加，直至该液体的蒸气压等于外界施予液面的总压力（通常是大气压）即 $p=p_0$ 时，就有大量气泡从液体内部逸出，即液体沸腾，此时的温度为液体的沸点。沸点的高低与所受外界压力的大小有关。

将液体加热至沸腾，使液体变成蒸气，然后使蒸气冷却再凝结为液体，这两个过程的联合操作称为蒸馏。当一个液体混合物沸腾时，液体上面的蒸气组成与液体混合物的组成不同，蒸气中以易挥发的，也即低沸点的组分为主。此时，把蒸气收集并冷凝成液体，就可获得与蒸气的组成相同的液体，由此可收集到易挥分的组分。达到分离提纯的目的。

三、实验药品

工业酒精 60mL。

四、实验装置

实验室中常用的蒸馏装置如图 2-8 所示，主要包括以下三部分。

1. 蒸馏部分

蒸馏部分主要用蒸馏烧瓶为容器，液体在瓶内受热气化。要根据蒸馏物的量选择大小合适的蒸馏烧瓶，一般是使蒸馏物的体积不超过容积的 2/3，也不少于容积的 1/3。温度计水银球的上缘应恰好与蒸馏头支管接口的下缘在同一水平线上（见图 2-8），这样才能保证在蒸馏时水银球完全被蒸气所包围，以便正确测出蒸气的温度。

2. 冷凝部分

蒸气经蒸馏头进入冷凝管后冷凝成为液体。液体沸点高于 130℃ 的用空气冷凝管，低于 130℃ 的用水冷凝管。一般用直形冷凝管，若液体沸点很低则要用蛇形冷凝管。用水冷凝管时，其外套中通水，冷凝水从下口进入，上口流出，上端的出水口应向上，以保证套管中充满水，如图 2-8 所示。

3. 接收部分

常由接液管和锥形瓶或圆底烧瓶构成，两者之间不可用塞子塞住，应与外界大气相通。

安装蒸馏装置应遵循从热源处（电炉或电热套）开始，由下而上、由左到右的顺序原则。例如，当选用电热套作为热源时，先把电热套放在合适的位置，然后在其上方合适的高度处用铁夹垂直夹好蒸馏烧瓶。注意瓶底要距电热套底部 1cm 左

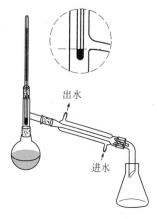

图 2-8 常压蒸馏装置

右，以便使之处于空气浴的状态。安装冷凝管时，要先调整好位置使其与蒸馏头同轴，然后使冷凝管沿此轴移动和蒸馏瓶相连，用铁夹夹于冷凝管重心处固定好冷凝管，再在其尾部连接接液管和接收瓶。整个装置要求准确端正，无论从正面或侧面观察，全套仪器的轴线都要在同一平面内，所有铁夹和铁架台都应尽可能整齐地放在仪器的背部。

五、实验步骤

1. 按要求安装好蒸馏装置。

2. 在蒸馏头口，放一长颈玻璃漏斗，经漏斗加入 60mL 工业酒精，或沿着面对支管的瓶颈壁小心加入，以免液体从支管流出。加入数粒沸石，在蒸馏头口插上具塞温度计。再次检查装置以确认无误。

3. 先向冷凝管中缓缓通入冷水，把上口流出的水引入水槽中，然后打开电热套开关开始加热。最初宜用小火，使烧瓶均匀受热，然后逐渐增大火力，使液体温度慢慢上升，当液体开始沸腾时，可以看到蒸气慢慢上升，同时液体开始回流。当蒸气顶端到达温度计水银球部位时，温度计读数就急剧上升。此时应适当调小火力，使加热速度略为下降，蒸气顶端停留在原处，使瓶颈上部和温度计受热，让水银球上液滴和蒸气达到平衡。然后再稍稍加大火力，进行蒸馏。

4. 收集温度为 77~79℃ 范围内的馏出液。要控制加热，调节蒸馏速度，通常以每秒 1~2 滴馏出液为宜。

5. 当温度上升超过 80℃ 后，可停止蒸馏；或如果维持原来的加热程度，不再有馏出液蒸出，温度突然下降时，也应停止蒸馏。即使杂质很少，蒸馏烧瓶中的液体也不能蒸干。否则，容易发生意外事故。

6. 蒸馏结束时，应先停止加热，后停止通水，拆卸仪器顺序与装配时相反。

六、实验记录

馏出液沸点，馏出液体积，计算回收率。

七、注意事项

1. 蒸馏前应根据待蒸液量的多少，选择规格合适的蒸馏瓶。瓶子太大，产品损失相对会增加。表面上看，液体是蒸完了，但瓶子中充满了蒸气，当其冷却后，即成为液体。

2. 所用的蒸馏头要保证不能漏气，以免在蒸馏过程中有蒸气渗漏而造成损失，乃至发生火灾。

3. 当液体中几乎不存在空气，瓶壁又非常洁净和光滑时，形成气泡就非常困难。这样加热时，液体的温度可能上升到超过沸点很多仍不沸腾，亦即产生"过热"现象。当继续加热时，液体会突然暴沸，冲入冷凝管中或冲出瓶外，造成损失，甚至造成火灾事故。因此，在加热前，应加入几粒沸石。沸石表面疏松多孔，吸附有空气，加热时，可成为液体的气化中心，避免液体暴沸。若已开始加热，才发现未加沸石，必须先移去热源，待液体冷至沸点以下方可加入。若沸腾中途停止过，则在重新加热前，应加入新的沸石。

4. 蒸馏易挥发和易燃的物质，不能用明火，否则易引起火灾，应用热浴。沸点在 80℃ 以下的可用水浴加热，沸点在 80℃ 以上者可用油浴、砂浴等加热。蒸馏较高沸点的液体，可用直接火加热，但在蒸馏瓶下必须垫一石棉网，否则由于加热不均匀造成局部过热，引起产品分解或蒸馏瓶破裂。

5. 蒸馏沸点高于 130℃ 的液体时，需用空气冷凝管。若用水冷凝管，由于气体温度较高，冷凝管外套接口处易因温差太大而破裂。

6. 注意蒸馏装置不能成封闭系统，否则会因压力升高引起仪器破裂或爆炸。

7. 蒸馏时，要注意控制加热速度，若加热的火力太大，会在蒸馏瓶颈部造成过热现象，使一部分蒸气直接受到火焰的热量，水银球上的液珠即会消失。此时温度计所示的温度较液体的沸点高。但火力也不能太弱，否则由于温度计水银球不能为馏出蒸气充分浸润而使温度计上所读得的沸点偏低或不规则。

8. 蒸馏乙醚等低沸点有机溶剂时，特别要注意蒸馏速度不能太快，否则冷凝管不能将乙醚全部冷凝下来。应采用带支管的接液管，把挥发的乙醚蒸气带走。

八、思考题

1. 在进行常压蒸馏操作时，应注意哪些问题（从安全和效果两方面考虑）？
2. 试述下列因素对常压蒸馏中测得的沸点的影响。
(1) 温度控制不好，蒸出速度太快。
(2) 温度计水银球上缘高于或低于蒸馏头支管下缘的水平线。
3. 沸石的作用是什么？加热后才发觉未加沸石时，应如何处理才安全？
4. 为何当沸腾中断而又需再蒸馏时，在重新加热前应加入新的沸石？
5. 当加热后有馏液出来时，才发现冷凝管未通水，应如何处理？为什么？

实验三　分　　馏

一、实验目的

了解分馏的原理和意义；分馏柱的种类和选用的方法；学习实验室里常用的分馏操作方法。

二、实验原理

利用普通蒸馏法分离液态有机化合物时，要求其组分的沸点至少要相差 30℃，且只有当组分间的沸点差达 110℃ 以上时，才能用蒸馏法充分分离。对沸点相近的混合物，仅用一次蒸馏往往不能把它们分开。若要获得良好的分离效果，就非采用分馏不可。所谓分馏，就是利用分馏柱来使几种沸点相近的混合物进行分离的方法。实际上分馏相当于多次蒸馏。

以混合物是二组分理想溶液的情况为例，根据拉乌尔定律（Raoult）：

$$p_A = p_A^0 x_A，\quad p_B = p_B^0 x_B$$

总蒸气压：
$$p = p_A + p_B$$

其中，p_A、p_A 分别为 A、B 组分的分压；p_A^0、p_B^0 分别为纯 A、B 的蒸气压；x_A、x_B 分别为纯 A、B 在溶液中的摩尔分数。

根据道尔顿分压定律

$$x_A^{气} = \frac{p_A}{p_A + p_B} \quad x_B^{气} = \frac{p_B}{p_A + p_B} \quad (x_A^{气}、x_B^{气} \text{为组分在蒸气中的摩尔分数})$$

$$\frac{x_B^{气}}{x_B} = \frac{p_B^0}{p_B} \frac{p_B}{p_A + p_B} = \frac{1}{x_B + \frac{p_A^0}{p_B^0} x_A}$$

因为 $x_A + x_B = 1$，则

当 $p_A^0 = p_B^0$ 时，$x_B^{气}/x_B = 1$

当 $p_A^0 > p_B^0$ 时，$x_B^{气}/x_B > 1$

如果将两种挥发性液体的混合物进行蒸馏，沸腾时，蒸气中沸点较低的组分的浓度较液相中大。将蒸气冷凝成液体，则该液体中低沸点的组分含量比原液体的高。如果将所得到的液体再行气化，由其蒸气经冷凝而成的液体中，低沸点组分的比例又将增加。如此多次重

复，最终可将两组分分开（凡形成共沸物者不在此例）。如应用这样反复多次的简单蒸馏，虽可得到接近纯组分的两种液体，但这样既费时，又损失大。所以，通常利用分馏来分离。分馏就是利用分馏柱实现多次重复的蒸馏过程。

分馏柱主要是一根长而垂直，柱身有一定形状的空管，或者在管中填以特制的填料，总的目的是要增大液相和气相接触的面积，提高分离效率。当混合物的蒸气进入分馏柱时，因为沸点较高的组分易被冷凝，所以冷凝液中较高沸点的组分就较多，蒸气中低沸点的组分就相对地增多。冷凝液向下流动时又与上升的蒸气接触，二者之间进行热交换，蒸气中的高沸点的物质被冷凝下来，低沸点物质仍呈蒸气上升，而在冷凝液中的低沸点物质则受热气化，高沸点的则仍呈液态。如此经多次的冷凝液与蒸气的热交换，使得低沸点的物质不断上升，最后被蒸馏出来。高沸点的物质则不断流回被加热的容器中，达到相当于多次蒸馏的效果。使沸点不同的物质得到分离。因分馏时，柱内不同高度的各段组分是不同的，在柱的动态平衡的情况下，沿着分馏柱存在着组分梯度。当分馏柱的效率足够高时，开始从分馏柱顶部出来的几乎是纯净的易挥发组分，而最后留在烧瓶中的几乎是纯净的高沸点的组分。

了解分馏原理最好是应用恒压下的沸点-组成曲线图（即相图，表示两组分体系的变化情况）。通常是用实验测定各温度时气液平衡状况下的气相和液相的组成，然后以横坐标表示组成，纵坐标表示温度而作出。如图 2-9 是大气压下的苯-甲苯溶液的沸点-组成图。

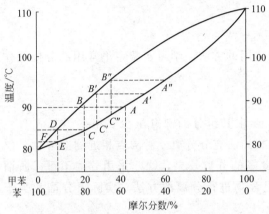

图 2-9 苯-甲苯系统沸点-组成曲线图

从图 2-9 中可以看出，由苯 20% 和甲苯 80% 组成的液体（L_1）在 102℃ 时沸腾，与液相平衡的蒸气组成约为苯 40% 和甲苯 60%（V_1）。若将此组成的蒸气冷凝成同组成的液体（L_2），则与此液体成平衡的蒸气组成为苯 60% 和甲苯 40%（V_2）如此继续重复，可获得接近纯苯的气相。

当某两种或三种液体以一定比例混合，可组成具有固定沸点的混合物。将这种混合物加热至沸腾时，在气液平衡体系中，气、液相组成一样，固不能用分馏法分离。这种混合物称为共沸混合物或恒沸混合物。其沸点低于任一组分的沸点者，称低沸混合物。也有高沸混合物。常见的共沸混合物见表 2-1。

表 2-1 一些常见的共沸混合物

共沸混合物	组分的沸点/℃	共沸混合物组成/%（质量分数）	共沸点/℃
乙醇	78.3	95.6	78.17
水	100.0	4.4	
乙酸乙酯	77.2	91	70
水	100.0	9	
乙醇	78.3	16	64.9
四氯化碳	76.5	84	
甲酸	100.7	22.6	107.3
水	100.0	74.4	

影响分馏效率的因素有以下几个方面。

1. 理论塔板

分馏柱中的混合物经过一次气化和冷凝的热力学平衡过程，相当于一次普通蒸馏所达到的理论浓缩效率。当分馏柱达到这一浓缩效率时，那么分馏柱就具有一块理论塔板。柱的理论塔板数越多，分离效果越好。分离一个理想的二组分混合物所需的理论塔板数与该两组分的沸点差间的关系见表 2-2。

表 2-2 二组分的沸点差与分离所需的理论塔板数

沸点差值	分离所需的理论塔板数	沸点差值	分离所需的理论塔板数
108	1	20	10
72	2	10	20
54	3	7	30
43	4	4	50
36	5	2	100

另外还要考虑理论塔板高度，在高度相同的分馏柱中，理论塔板高度越小，则柱的分离效率越高。

2. 回流比

在单位时间内，由柱顶冷凝返回柱中液体的数量与蒸出物量之比称回流比。若全回流中每 10 滴收集 1 滴馏出液，则回流比为 9∶1。对于非常精密的分馏，使用高效率的分馏柱，回流比达 100∶1。

3. 柱的保温

许多分馏柱必须进行适当的保温，以便能始终保持温度平衡。

为了提高分馏柱的分馏效率，在分馏柱内装入具有大表面积的填料，填料之间应保留一定的空隙，要遵守适当紧密且均匀的原则，这样可增加回流液体和上升蒸气的接触机会。填料有玻璃（玻璃珠、短玻璃管）或金属（不锈钢、金属丝绕成固定形状）。玻璃的优点是不会与有机物起反应，而金属则可与卤代烷之类的化合物起反应。分馏柱的底部往往放一些玻璃丝以防止填料下坠到加热容器中。

实验室中常用的分馏柱如图 2-10 所示。分别有 Vigreux 柱、Dufton 柱和 Hempel 柱。上述分馏柱的分馏效率都很差。但若将 300W 电炉丝切割成单圈或用金属丝绕制成 B 形（直径 3～4mm）填料装入赫姆帕（Hempel）柱，可显著提高分馏效率。若需分离沸点相距很近的液体混合物，必须用精密分馏装置。

三、实验药品

丙酮与水 1∶1 的混合物 30mL。

四、实验装置

实验室中常用的简单分馏装置如图 2-11 所

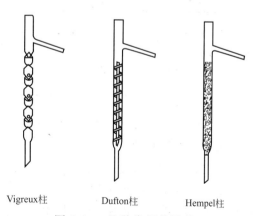

图 2-10 几种常用分馏柱

示。包括热源、蒸馏容器（一般用圆底烧瓶）、分馏柱、冷凝管和接收器五部分。在分馏柱顶端插一温度计，温度计水银球上缘恰与分馏柱支管切口下缘相平。在装置中所有玻璃仪器都要干燥。

13

五、实验步骤

按图 2-11 装置仪器，并准备三只干净的 15mL 量筒作为接收器。以电热套作为热源，采用空气浴形式。

在圆底烧瓶内放置丙酮、水混合物 30mL 及 1~2 粒沸石，开始缓慢加热，并尽可能精确地控制加热，使馏出液以每秒钟 1~2 滴的速度蒸出。

将初馏出液收集于量筒 A（56~62℃），注意记录柱顶温度及接收器 A 的馏出液体积。为了绘出分馏曲线，需记录每增加 1mL 馏出液的温度及总体积。温度达 62℃换量筒 B 接液（62~98℃）；98℃用量筒 C 接液（98~100℃）。直至蒸馏烧瓶中残留液为 1~2mL，停止加热。记录各馏分的体积，待分馏柱内液体流到烧瓶时，测量并记录残留液体积，以柱顶温度为纵坐标，馏液体积（毫升）为横坐标，将实验结果绘成分馏曲线 a。

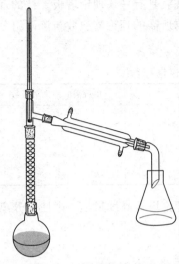

图 2-11 简单分馏装置

将含丙酮和水各 15mL 的混合液，置普通蒸馏装置中，加热蒸馏，收集上述三个温度范围的馏分，即 A（56~62℃）、B（62~98℃）、C（98~100℃）。在上述坐标上，作出另一条曲线 b。

比较 a、b 两曲线，a 代表采用分馏法得到的分离结果，b 代表采用蒸馏法得到的结果，由此可见分馏柱的作用。

六、实验记录

分馏曲线数据记录于下表中。

A（56~62℃）：

柱顶温度/℃					
馏出液总体积/mL					

B（62~98℃）：_____滴（_____mL）

C（89~100℃）：

柱顶温度/℃					
馏出液总体积/mL					

七、注意事项

1. 分馏一定要缓慢进行，要控制好加热，保持恒定的蒸出速度。在分馏柱内保持一定的温度对分馏来说是极为重要的。因理想情况下，柱底部的温度与蒸馏瓶内液体的沸腾温度相近，在柱内自下而上温度不断降低直至柱顶达到易挥发组分的沸点。若加热太猛，蒸出速度太快，整个柱体自上而下几乎没有温差，这样就达不到分馏的目的。

2. 要使有相当量的液体自柱流回烧瓶中，要选择合适的回流比。回流比越大，分馏效率越好。

3. 必须尽量减少分馏柱的热量散失和波动。

八、思考题

1. 分馏和蒸馏在原理及装置上有哪些异同？
2. 如果把分馏柱顶上温度计的水银柱的位置插低些，行吗？为什么？
3. 若加热太快，蒸出液每秒钟的滴数超过一般要求量，用分馏法分离两种液体的能力会显著下降。这是为什么？
4. 在分馏装置中分馏柱为什么要尽可能垂直？
5. 在分离两种沸点相近的液体时，为什么有填充料的分馏柱比不装填料的效率高？

实验四　减压蒸馏

一、实验目的

学习减压蒸馏的原理及其应用。认识减压蒸馏装置的主要仪器设备，掌握减压蒸馏仪器的安装和减压蒸馏的操作方法。

二、实验原理

液体的沸点是指它的蒸气压等于外界大气压时的温度，因此，液体的沸腾温度是随外界压力的降低而降低的。如果用油泵连接盛有液体的容器，使施加于液面的压力降低，即可降低液体的沸点。这种在较低压力下进行蒸馏的操作称为减压蒸馏。减压蒸馏对于分离或提纯沸点较高的、性质较不稳定的液态有机化合物有特别重要的意义，尤其适用于那些在常压蒸馏时未达到沸点即发生分解、氧化或聚合的物质。

减压蒸馏时物质的沸点与压力有关。在进行减压蒸馏前，应先从文献中查阅清楚，该化合物在所选择的压力下相应的沸点。若文献中缺乏此数据，可根据如图 2-12 所示的经验曲线，找出该物质在此压力下的沸点（近似值）。

例如，我们知道一种液体在常压时沸点为 200℃，如用水泵蒸馏，水泵压力为 3999Pa。要知其沸点，我们可用一小尺，通过 B 的 200℃点和 C 的 3999Pa 点，便可看到小尺子与 A 的交点在 100℃处，即这一液体在 3999Pa 真空下，将在 100℃左右蒸出。又如根据文献报道，某化合物在真空度 40Pa 时为 100℃，但要在真空度为 133.3Pa 下蒸馏，求其沸点。可将小尺通过 A 线的 100℃点及 C 线的 40Pa 点，则可见到小尺与 B 线的相交于 310℃点。然后，将尺子通过 B 的 310℃及 C 的 133Pa 点，则可看到尺子与 A 线的 125℃点相交。也就是说，这一化合物在真空度为 133Pa 的油泵蒸馏，将在 125℃左右沸腾。

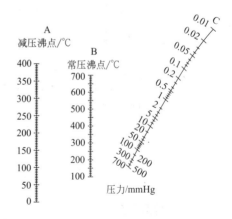

图 2-12　有机液体的沸点-压力经验的计算图

为方便作粗略估计，总结出以下经验规则：

1. 从大气压降至 3332.5Pa，高沸点化合物（250～300℃）的沸点随之下降 100～125℃左右。

2. 在压力 3332.5Pa 以下时,压力每降低一半,沸点下降 10℃ 左右。

3. 蒸馏在 1333~1999Pa 下进行时,压力相差 133Pa,沸点相差约 1℃。

所谓真空是相对真空,任何压力较常压为低的气态空间均称为真空,常把压力范围划分为几个等级。

"粗"真空（1333~10.13×10^{4}Pa） 可用水泵获得。

"次高"真空（0.133~133.3Pa） 可用油泵获得。

"高"真空（0.133×10^{-5}~0.133Pa） 用扩散泵获得。

三、实验装置

实验室常用的减压蒸馏装置如图 2-13 和图 2-14 所示,可分为蒸馏、抽气(减压)、安全系统、测压四部分。整套仪器必须装配紧密,不得漏气。

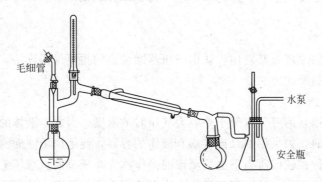

图 2-13 减压蒸馏装置（水泵）

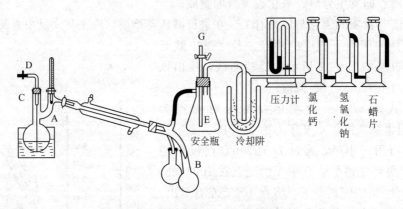

图 2-14 减压蒸馏装置（油泵）

（一）蒸馏部分

采用带克氏蒸馏头的蒸馏烧瓶,其优点是可避免减压蒸馏时瓶内液体由于暴沸或泡沫的发生而冲入冷凝管中。克氏蒸馏头的一颈中插入温度计,另一颈中插入一根毛细管。管口距瓶底约 1~2mm,毛细管另一端有一段带螺旋夹的橡皮管,螺旋夹用以调节进入的空气,使有极少量的空气进入液体呈微小气泡冒出,作为液体沸腾的气化中心,使蒸馏平衡进行。

根据液体沸点的不同,选择合适的热浴和冷凝管,如果蒸馏的液体量不多且沸点甚高,或是低熔点固体,也可不用冷凝管,而将克氏蒸馏头的支管直接插入接收瓶的球形部分中（如图 2-15 所示）。

接收器用蒸馏瓶或抽滤瓶,蒸馏时若要收集不同的馏分而又不中断蒸馏,可用多尾接液

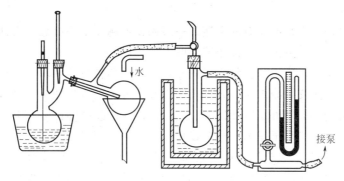

图 2-15 减压蒸馏装置

管。多尾接液管与作为接收器的圆底烧瓶连接，转动多尾接液管，就可使不同的馏分流入指定的接收瓶中。

(二) 抽气部分

实验室通常用水泵或油泵进行抽气减压。

1. 水泵

采用玻璃或金属制成（如图 2-16 所示），其效能与其构造、水压及水温有关。水泵所能抽到的最低压力相当于当时水温下水的蒸气压。如水温在 25℃、20℃、10℃时，水的蒸气压分别为 3199.2Pa、2399.4Pa、1199.7Pa。目前多采用循环水真空泵 [图 2-16(c)]。

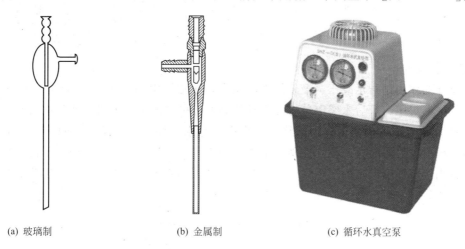

(a) 玻璃制　　　　　(b) 金属制　　　　　(c) 循环水真空泵

图 2-16　水泵

2. 油泵

油泵的效能决定于油泵的机械结构及油的好坏。好的油泵能抽至 133Pa 以下。使用油泵时必须注意保护，挥发性的有机溶剂、水或酸性的蒸气都会损坏油泵。因为挥发性的有机溶剂蒸气被油吸收后，会增加油的蒸气压，降低抽空效能，酸性蒸气会腐蚀油泵的机件，水蒸气凝结后与油形成浓稠的乳浊液，破坏油泵正常工作，因此，使用油泵时必须注意下列几点：

(1) 在蒸馏系统和油泵之间，必须装有吸收装置。

(2) 蒸馏前必须先用水泵彻底抽去系统中的有机溶剂的蒸气。

(3) 如能用水泵抽气的，尽可能使用水泵，如蒸馏物中含有挥发性杂质，可先用水泵减压抽除，然后改用油泵。

(三) 安全系统

用水泵抽气时,在水泵前装有安全瓶,一般用壁厚耐压的吸滤瓶,有活塞调节压力及放气,以防水压下降时,水流倒吸。停止蒸馏时,要先放气,后关水泵。

用油泵进行减压时,为了防止易挥发的有机溶剂、酸性物质和水蒸气进入油泵,在馏液接收器与油泵之间顺次安装冷却阱、几种吸收塔和缓冲用的吸滤瓶。冷却阱的构造如图2-17所示,将它置于盛有冷却剂的广口保温瓶中,冷却剂的选择随需要而定,可用冰-水,冰-盐,干冰等。吸收塔(又称干燥塔)通常设两个,前一个装无水氯化钙(或硅胶,活性炭,分子筛),后一个装粒状氢氧化钠(或钠石灰)吸收酸性蒸气。有时为了吸除烃类气体,可再加一个装石蜡片的吸收塔。缓冲瓶的作用是使仪器装置内的压力不发生突然的变化以及防止泵油的倒吸。吸收塔及缓冲瓶的结构如图2-18所示。

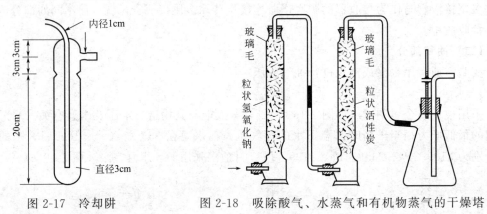

图 2-17 冷却阱　　　图 2-18 吸除酸气、水蒸气和有机物蒸气的干燥塔

(四) 测压计

测压计的作用是指示减压蒸馏系统内的压力,通常采用如图2-19所示的U形管水银压力计,其一端封闭,管后木座上装有可滑动的刻度标尺。测定压力时,通常把滑动标尺的零点调整到U形管右臂的水银柱顶端线上,根据左臂水银柱顶端线所指示的刻度,可直接读出装置内压力。使用时,必须注意勿使水或脏物进入压力计内,水银柱中也不得有小空气泡存在,否则,将影响测定的准确性。放气时,也必须小心慢放,以免水银柱迅速上升,把压

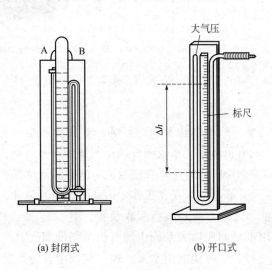

(a) 封闭式　　(b) 开口式

图 2-19 测压计

力计冲破。

四、实验步骤

1. 依照图 2-13 所示，水泵采用循环水真空泵，把仪器安装完毕后，先检查系统能否达到所要求的压力。方法是，旋紧毛细管上的螺旋夹，开泵抽气，慢慢关闭安全瓶上的活塞，观察所能达到的压力。若因为漏气而不能达到所需的真空度，应检查各部分塞子和橡皮管的连接是否紧密等。若已达到要求，则慢慢旋开安全瓶上的活塞，放入空气，直到内外压力相等为止，关上抽气泵。

2. 加入待蒸馏的液体（自来水）于蒸馏烧瓶中，不得超过容积的 1/2，开动抽气泵，关上安全瓶上的活塞，调节毛细管的螺旋夹，使导入空气呈连串的小气泡。

3. 当达到所要求的压力，调节安全瓶上的活塞，使压力稳定。开启冷凝水，并开始加热。本实验采用电热套，以空气浴的形式加热。液体沸腾后，应注意调节热源和压力，使之与要求相符，蒸馏速度以每秒 0.5~1 滴为宜。

4. 待蒸馏完毕，首先除去热源，然后慢慢旋开夹在毛细管上的螺旋夹，并慢慢打开安全瓶上的活塞，平衡了内外压力，再关闭抽气泵。最后拆除仪器。

五、实验记录

循环水泵真空度/MPa	0.03	0.07	0.09
沸点/℃			

六、注意事项

1. 减压蒸馏不能用直接火加热，应按照实际情况，选用水浴、油浴、空气浴等热浴加热，浴温需较蒸馏物沸点高 30℃以上。

2. 在减压蒸馏系统中，切勿使用有裂缝的或薄壁的玻璃仪器，尤其不能用不耐压的平底瓶（如三角烧瓶）。因为即使是用水泵抽真空，装置外部面积受到的压力较高，不耐压的部分可引起内向爆炸。

3. 在减压蒸馏中加入沸石一般对防止暴沸是无效的。必须通过伸入瓶底的毛细管导入空气的细流以作为气化中心，为控制毛细管的进气量，可在其上端所套的橡皮管中，插一段细铁丝，以免因螺旋夹夹紧后不通气，或夹不紧进气量太大。有些化合物遇空气很易氧化，在减压时，可由毛细管通入氮气或二氧化碳保护。

4. 使用油泵抽气时，必须注意保护油泵，避免低沸点溶剂、酸性蒸气和水蒸气进入油泵。用油泵减压前须在常压或水泵减压下蒸除所有低沸点液体和酸、碱气体，同时在蒸馏系统和油泵之间要有冷却阱、干燥塔等保护装置。

七、思考题

1. 试述减压蒸馏的原理及应用意义。
2. 装配减压蒸馏装置应注意什么问题？
3. 在减压蒸馏中，为什么必须先抽真空后加热？为什么必须用热浴加热？
4. 使用油泵要注意什么问题？试述几种常见的有害因素对油泵的影响及需采取的防范措施。
5. 减压蒸馏完所要的化合物后，应如何停止减压蒸馏？为什么？

实验五　水蒸气蒸馏

一、实验目的
学习水蒸气蒸馏的原理及其应用，掌握水蒸气蒸馏的装置及其操作方法。

二、实验原理
当与水不相混溶的有机物和水共存时，整个体系的蒸气压力根据道尔顿（Dalton）分压定律，应为各组分蒸气压之和。即：

$$p_{总}=p_{水}+p_{有机物}$$

当 $p_{总}$ 等于外界大气压时，混合物达到沸点并沸腾。显然，混合物的沸点低于任何一个组分的沸点。也即有机物可在比其沸点低得多的温度下，甚至低于100℃的温度下被蒸馏出来，这样的操作称水蒸气蒸馏。

水蒸气蒸馏常用于下列几种情况：
1. 在常压蒸馏会发生分解的高沸点有机物质；
2. 混合物中含有大量树脂状杂质或不挥发性杂质，采用蒸馏、萃取等方法都难于分离；
3. 从较多固体反应物中分离出被吸附的液体。

被提纯物质必须具备以下几个条件：
1. 不溶或难溶于水；
2. 长时间与水共沸而不与水反应；
3. 在100℃左右时，必须具有一定的蒸气。一般不少于666.5Pa，但遇蒸气压低的有机物时，可通入过热蒸气，一般也可获得较为满意的结果。

在混合蒸气中，各气体成分的蒸气压之比，等于它们的摩尔数之比，即：

$$\frac{n_{水}}{n_{有机物}}=\frac{p_{水}}{p_{有机物}} \quad (n\text{ 表示某种物质在一定容积的气相中的摩尔数})$$

而：$n_{水}=\dfrac{m_{水}}{M_{水}}$，$n_{有机物}=\dfrac{m_{有机物}}{M_{有机物}}$（$m$ 表示某种物质在一定容积中蒸气的质量，M 为分子量）

所以

$$\frac{m_{水}}{m_{有机物}}=\frac{M_{水}}{M_{有}}\frac{n_{水}}{n_{有}}=\frac{M_{水}}{M_{有}}\frac{p_{水}}{p_{有}}$$

可见，有机物与水在馏液中的相对质量与它们的蒸气压和分子量成正比。

以苯胺为例，它的沸点为184.4℃，且难溶于水，将水蒸气通入含苯胺的反应混合物中，当温度达到98.4℃时，苯胺的蒸气压为5652.5Pa，水的蒸气压为95427.5Pa，两者总和接近大气压力，于是混合物沸腾，苯胺随水被蒸出：

$$p_{水}=95427.5\text{Pa},\ p_{苯胺}=5652.5\text{Pa},\ M_{水}=18,\ M_{苯胺}=93$$

$$\frac{m_{苯胺}}{m_{水}}=\frac{5652.5\times 93}{95427.5\times 18}=0.31$$

所以，馏出液中苯胺的含量：

$$\frac{0.31}{1+0.31}\times 100\%=23.7\%$$

这个数值为理论值，因为实验时有相当一部分水蒸气来不及与被蒸馏物作充分接触便离开蒸馏烧瓶，同时，苯胺微溶于水，所以实验蒸出的水量往往超过计算值。

三、实验装置

实验室中常用的水蒸气蒸馏装置如图 2-20 所示，包括水蒸气发生器、蒸馏部分、冷凝部分和接收器四个部分。

水蒸气发生器一般用金属制成，如图 2-21 所示，也可用短颈圆底烧瓶代替，如图 2-20 所示。例如，用 1000mL 圆底烧瓶作为水蒸气发生器，瓶口配一双孔塞子，一孔插入长 1m、

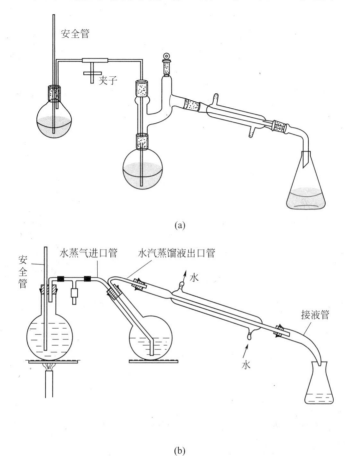

图 2-20　水蒸气蒸馏装置

图 2-21　金属制的水蒸气发生器

直径约 5mm 的玻璃管作为安全管，安全管几乎插到烧瓶的底部，当容器内气压加大时，水可沿着玻璃管上升，以调节内压。如果系统发生阻塞，水便会从管的上口喷出，此时应停止加热，清除阻塞。另一孔插入内径约 8mm 的水蒸气导出管，导出管与一个 T 形管相连，T 形管的支管套上一短橡皮管，橡皮管上用螺旋夹夹住，T 形管的另一端与蒸馏部分的导管相连。这段水蒸气导管应尽可能短些，以减少水蒸气的冷凝。T 形管用来除去水蒸气中冷凝下来的水，当出现异常情况时可使水蒸气发生器与大气相通。

蒸馏部分通常采用圆底烧瓶，上装克氏蒸馏头，被蒸馏的液体，分量不能超过其容积的 1/3，这样做是为了防止蒸馏时液体因跳溅而冲入冷凝管中，玷污馏液。蒸气导入管应伸到距瓶底约 8～10mm 处，以利于水蒸气与被蒸馏液体充分混合。馏液冷凝后通过接液管进入接收器。

为了减少由于反复移换容器而引起的产物损失，常直接利用原来的反应器进行水蒸气蒸馏，装置如图 2-22 所示。如产物不多，则改用半微量装置（图 2-23）。

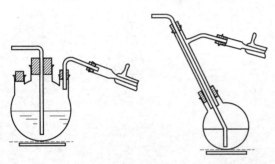 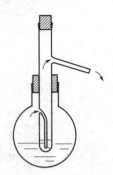

图 2-22　利用原反应容器进行水蒸气蒸馏的装置　　图 2-23　少量物质的水蒸气蒸馏

四、实验药品

乙酸正丁酯 40mL。

五、实验步骤

1. 按装置图 2-20(a) 装配好仪器，装配顺序遵循从下而上，从左至右的原则。
2. 在水蒸气发生器中，加入约占容器 3/4 的水，并加入几粒沸石，把待蒸馏液体加入蒸馏部分的烧瓶中。
3. 先打开 T 形管处的螺旋夹，加热水蒸气发生器至沸腾。当有大量水蒸气产生从 T 形管支管冲出时，立即旋紧螺旋夹，水蒸气进入蒸馏部分，开始蒸馏。
4. 如由于水蒸气的冷凝而使烧瓶内液体量增加，以至超过烧瓶容积的 2/3 时，或者蒸馏速度不快时，可在烧瓶下置一石棉网，小火加热。但要注意不能使烧瓶内产生崩跳现象，蒸馏速度控制在每秒 2～3 滴为宜。
5. 当馏出液无明显油珠，澄清透明时，可停止蒸馏。停止蒸馏时必须先旋开 T 形管处的螺旋夹，然后移开热源，以免发生倒吸。

六、实验记录

馏出液用分液漏斗分去水后量体积，计算回收率。

七、注意事项

1. 蒸馏过程中要注意观察安全管的水位是否正常，一旦发现水位迅速升高，要立即打开螺旋夹，移去热源，清除阻塞，才能继续蒸馏。还需经常开螺旋夹，清除冷凝在 T 形管中的水，以免影响水蒸气通过导管。

2. 在蒸馏需要中断或蒸馏完毕后，一定要先打开螺旋夹，通大气，然后方可停止加热，否则，蒸馏部分的液体会倒吸到水蒸气发生器中。

3. 蒸气导入管要小心插至近瓶底处，这样才能使水蒸气与待蒸馏的液体充分接触。

八、思考题

1. 蒸气导入管的末端为什么要插到接近于容器的底部？
2. 水蒸气蒸馏过程中，经常要检查什么事项？若安全管中水位上升很高，说明什么问题？如何处理？
3. 如何判断水蒸气蒸馏中，蒸出液中的有机组分在水的上层还是下层？

实验六　重结晶提纯法

一、实验目的
学习重结晶法提纯固态有机化合物的原理和方法，掌握抽滤、热滤操作和折叠滤纸的折法。

二、实验原理

固体有机物在溶剂中的溶解度与温度有密切关系。一般是随温度升高而增大。若把某种固体有机物在较高温度下配成饱和溶液，冷却时溶解度降低，溶液变成过饱和而析出结晶。利用溶剂对被提纯物质及杂质的溶解度不同，可以使被提纯物质从过饱和溶液中析出，而让杂质全部或大部分仍留在溶液中（或先被过滤除去）而达到提纯的目的。

重结晶的一般过程如下。

1. 选择适宜的溶剂

理想的溶剂必须具备以下条件。

（1）不与被提纯的物质起化学反应。

（2）在较高温度时能溶解大量的被提纯物质，而在室温或更低的温度时只能溶解很少量。

（3）对杂质的溶解度非常大或非常小（前一种情况是使杂质留在母液中，不随提纯物晶体一同析出，后一种情况是使杂质在热过滤时被滤去）。

（4）溶剂的沸点不宜太低，也不宜过高。若过低时，溶解度改变不大，难分离，且操作也难；过高时，附着于晶体表面不易除去。

（5）能使被提纯的有机化合物生成整齐的晶体。

（6）价廉易得。

选择溶剂时可根据"相似相溶"的一般原理，有机物的溶解性与其结构有关，易溶于结构相似的溶剂中，即极性化合物易溶于如水、醇、酮和酯等极性溶剂中，而难溶于如苯、四氯化碳等非极性溶剂中。借助资料、手册，也可了解已知化合物在某种溶剂中的溶解度，但最主要是通过实验进行选择。具体方法是：取 0.1g 待提纯的固体粉末于一小试管中，用滴管逐滴加入溶剂，并不断振荡，若加入的溶剂量达 1mL 仍未见全溶，可小心加热混合物至沸腾（必须严防溶剂着火）。若该样品在 1mL 冷的或温热的溶剂中已全溶，则此溶剂不适用。若该物质不溶于 1mL 的沸腾试剂中，可逐步添加溶剂，每次约加 0.5mL，并加热至沸腾。若加入溶剂量达到 4mL，而该样品仍不能完全溶解，则必须寻求其他溶剂。若样品能溶于1~4mL的沸腾溶剂中,则将试管进行冷却,观察结晶析出情况,如果结晶不能自行析出,可用玻璃棒摩擦溶液面下的试管壁,或再辅以冰水冷却,以使结晶析出。若结晶仍不析出,则此溶剂不适。如果结晶能正常析出,要注意析出的量,在几个溶剂用同法比较后,可以选用结晶收率最好的溶剂来进行重结晶。

若难于找到一种合用的溶剂时,可使用混合溶剂。所谓混合溶剂,就是把对此物质溶解度很大的和溶解度很小的而又能互溶的两种溶剂混合起来,这样常可获得新的良好的溶解性能。常用的混合溶剂有:乙醇-水;乙醇-乙醚;乙醇-丙酮;乙醚-石油醚;苯-石油醚。

2. 饱和溶液的配制

选好溶剂后,可进行较大量产品的重结晶。用水作溶剂时,可在烧杯或锥形瓶中进行操作。而用有机溶剂时,由于有机溶剂往往易燃或具有一定毒性,或两者兼具,所以,操作时特别小心,要熄灭一切明火,最好在通风橱内操作,用锥形瓶或圆底烧瓶作容器,若溶剂沸点低且易燃,严禁在石棉网上直接加热。必须装上回流冷凝管,并选用适宜的热浴。

把待提纯的固体放入容器中,加入较需要量稍少的溶剂,加热到微沸,若未完全溶解,可再分次逐渐添加溶剂,每次加入后需再加热使溶液沸腾,直到样品恰好完全溶解。最后再多加20%左右的溶剂。若装有回流冷凝管,添加溶剂可由冷凝管上端加入。

在溶解过程中,有时会出现油珠状物,这对于物质的纯化很不利,因为杂质会伴随析出,并带有少量溶剂,应尽量避免。采用的措施有:①所选用的溶剂的沸点应低于溶质的熔点;②低熔点物质进行重结晶若不能选出沸点较低的溶剂,则应在比熔点低的温度下溶解。

若溶液中含有色杂质,要进行脱色。例如,使溶液稍冷,然后加入活性炭,继续煮沸5~10min。活性炭可吸附有色杂质、树脂状物质及均匀分散的物质。活性炭在水溶液中脱色效果较好,也可在任何有机溶液中使用,但在烃类等非极性溶剂中效果较差,此时可考虑采用氧化铝脱色。

3. 热过滤除去杂质

脱色处理后,要趁热过滤,以除去不溶性杂质及活性炭。过滤易燃溶剂时,必须熄灭附近的明火。为过滤较快,可选用一颈短而粗的玻璃漏斗,漏斗中放一折叠滤纸。若溶液稍冷却就要析出结晶,或过滤的液量较多,则应选用热水漏斗。热水漏斗要用铁夹固定好,并在热水漏斗的夹层两壁间充满热水。过滤前先用少量溶剂湿润折叠滤纸,以免干滤纸吸收溶液中的溶剂使结晶析出而堵塞滤纸孔。盛滤液的容器一般用锥形瓶。

热水漏斗的结构及折叠滤纸的方法分别见图2-24和图2-25。

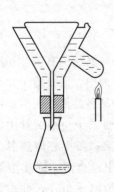

图2-24 热水漏斗的结构

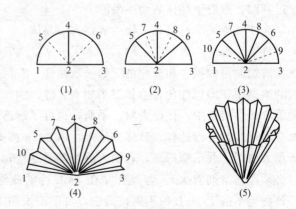

图2-25 折叠滤纸的方法

4. 晶体的析出

将趁热过滤收集的滤液静置，让其缓缓冷却，可得到均匀而大小适中的晶体。如果溶液冷却后仍不结晶，可投放晶种或用玻璃棒摩擦器壁引发晶体形成。

如果被纯化的物质呈油状析出，由于这种状态含杂质较多，纯度不高，可将析出油状物的溶液重新加热溶解，然后慢慢冷却，当有油状物析出时，剧烈搅拌使油状物在均匀分散的状态下固化，可提高纯度。但最好是重新选择溶剂，使之能形成晶体。

5. 晶体的收集和洗涤

将析出结晶的冷溶液和结晶的混合物，利用布氏漏斗抽气过滤，分出结晶，再用同一溶剂洗涤晶体，以除去存在于结晶表面的母液。

6. 结晶的干燥

干燥结晶的方法，可根据重结晶所用的溶剂来选择。①空气晾干：若产品不吸水，可把结晶放在表面皿上，在室温下放置，使溶剂自然挥发，一般要几天后才能彻底干燥。②烘干：对一些热稳定的化合物，可以在低于该化合物熔点的温度下烘干。实验室中常用红外灯或用烘箱等，但必须十分注意控制温度，以免由于溶剂的存在，结晶在较其熔点低得多的温度下熔融。③滤纸吸干。④置干燥器中干燥。

三、实验药品

粗乙酰苯胺 5g。

四、实验步骤

称取 5g 粗乙酰苯胺，放入 250mL 烧杯中，加入 100mL 蒸馏水，加热至沸腾，并不时搅拌，直至乙酰苯胺溶解。若不全溶，可添加少量的水，搅拌并加热至沸腾，令乙酰苯胺溶解。稍冷后，加入 1g 左右活性炭于溶液中，煮沸 5~10min，再补加 20mL 蒸馏水，煮沸后趁热用热水漏斗和折叠滤纸过滤，用一锥形瓶收集滤液。滤液静置，慢慢冷却，可见有结晶析出。抽滤分离得晶体，用少量蒸馏水小心淋洗晶体，再抽干，并用玻璃塞压挤晶体，继续抽滤，尽量除净溶剂。把晶体移至表面皿中，置空气中晾干。称量并计算得率。

五、实验记录

称取晶体的重量，计算得率，并记录所得晶体的颜色、形态、气味等物理性质。

六、注意事项

1. 乙酰苯胺在水中的溶解度

T/℃	20	25	50	80	100
g/100mL	0.46	0.56	0.84	3.45	5.5

2. 在溶解乙酰苯胺过程中，会出现油珠状物。乙酰苯胺的熔点虽为 114℃，但当乙酰苯胺用水为溶剂时，往往于 83℃ 时就熔化成液体，这时在水层有溶解的乙酰苯胺，在熔化的乙酰苯胺层中含有水，故珠状物为未溶于水而熔化的乙酰苯胺，所以，应继续加入溶剂直至完全溶解。

3. 热水漏斗套的两壁间，可充入预先煮热的水。如果重结晶用的溶剂是水，可加热热水漏斗的侧管；如果溶剂是可燃的，则务必熄灭火焰。

4. 用活性炭脱色时，用量为固体质量的 1%~5% 合适，煮沸时要不断搅拌。一次脱色不够彻底，可再加少量活性炭，重复操作。注意不能向正在沸腾的溶液中加入活性炭，以免溶液暴沸而溅出，应等溶液稍冷后加入。

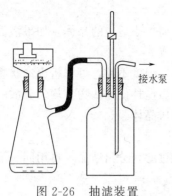

图 2-26 抽滤装置

5. 布氏漏斗上的圆形滤纸，其直径应略小于漏斗内径，以能紧贴于漏斗的底壁，恰好盖住所有小孔为度。抽滤前先用少量溶剂湿润滤纸，然后打开水泵使滤纸吸紧，防止固体在抽滤时自滤纸边吸入瓶中。

6. 抽滤装置如图 2-26 所示，抽滤瓶的侧管用较耐压的橡皮管与水泵相连（中间最好接一安全瓶）。

7. 抽滤完毕，关闭水泵前，先将抽滤瓶与水泵间连接的橡皮管拆开，或将安全瓶上的活塞打开通大气，以免水倒流入抽滤瓶中。

七、思考题

1. 重结晶法一般包括哪几个步骤？各个步骤分别有何目的？
2. 溶解待重结晶的粗产物时，应如何分批适量加入溶剂？原因何在？
3. 用活性炭脱色时要注意什么问题？
4. 用布氏漏斗过滤时，如果滤纸大于漏斗底壁，有什么不好？
5. 将母液浓缩冷却后，可以得到另一部分结晶，这部分结晶的纯度与第一次析出的结晶有何不同？为什么？
6. 热过滤时你遇到什么样的困难？如何克服？
7. 如何证明经重结晶纯化的产品是否纯净？

实验七 萃 取

一、实验目的

学习萃取法的原理与方法。

二、实验原理

萃取是有机化学实验中用来提取或纯化有机化合物的常用方法之一。利用萃取可以从固体或液体混合物中提取出所需要的物质，也可用来洗去化合物中少量的杂质，通常称前者为"抽提"或"萃取"，后者为"洗涤"。

萃取是利用物质在两种不互溶（或微溶）溶剂中的溶解度或分配比不同而达到分离、提取或纯化目的的一种操作。这可用与水不互溶（或微溶）的有机溶剂从水溶液中萃取有机化合物来说明。在一定温度下有机化合物在有机相中和水相中的浓度比为一常数，此即分配定律。若 c_1 表示在有机相中的浓度，c_0 表示在水中的浓度，则温度一定时，$c_0/c_1 = K$，K 为一常数，称为"分配常数"，它可近似地看作为此物质在两溶剂中的溶解度之比。由于有机物在有机溶剂中的溶解度比在水中大，因而可以用有机溶剂将有机物从水中萃取出来。

用一定量的溶剂一次或分几次从水中萃取有机物，试比较其萃取效率。设 S_0 为水溶液的毫升数，S 为每次所用萃取剂的毫升数，m_0 为溶解于水中的有机物质量，$m_1, m_2, \cdots, m_n$ 分别为萃取一次至 n 次后留在水中的有机物质量，则

一次萃取： $$K = \frac{c_0}{c_1} = \frac{m_1/S_0}{(m_0 - m_1)S}, \quad m_1 = m_0 \frac{KS_0}{KS_0 + S}$$

二次萃取：$K=\dfrac{m_2/S_0}{(m_1-m_2)S}$，$m_2=m_1\left(\dfrac{KS_0}{KS_0+S}\right)=m_0\left(\dfrac{KS_0}{KS_0+S}\right)^2$

n 次萃取：$m_n=m_0\left(\dfrac{KS_0}{KS_0+S}\right)^n$

因为 $\dfrac{KS_0}{KS_0+S}$ 恒小于 1，n 值愈大，m_n 则愈小。说明用同样体积溶剂分 n 次连续萃取要比一次萃取效率高得多，水中残留有机物少得多。

例如：在 100mL 水中含有 4g 正丁酸的溶液，在 15℃ 时用 100mL 苯来萃取，设已知在 15℃ 时，正丁酸在水和苯中的分配系数为 $K=1/3$，则用苯 100mL 一次萃取后水中的剩余量为：

$$m_1=4\times\dfrac{\frac{1}{3}\times 100}{\frac{1}{3}\times 100+100}=1.0\,(\text{g})$$

如果将 100mL 苯分三次萃取，则剩余量为：

$$m_3=4\times\left(\dfrac{\frac{1}{3}\times 100}{\frac{1}{3}\times 100+100}\right)^3=0.5\,(\text{g})$$

但是，连续萃取的次数不是无限度的，当控制总量保持不变时，萃取次数（n）增加，S 就要减小。$n>5$ 时，n 和 S 这两个因素的影响就几乎相互抵消了，再增加 n，m_n/m_{n+1} 变化不大。因此，一般萃取次数以 3 次为宜。

另一类萃取剂的萃取原理是利用它能与被萃取的物质起化学反应，用于从化合物中除去少量杂质或分离混合物。碱性萃取剂可以从有机相中移出有机酸或从有机相中除去酸性杂质，而酸性萃取剂可从混合物中萃取碱性物质等，这也称为"洗涤"。常用的洗涤剂有 5% 氢氧化钠水溶液，5% 或 10% 碳酸钠、碳酸氢钠溶液，稀盐酸，稀硫酸，浓硫酸等。浓硫酸可应用于从饱和烃中除去不饱和烃，从卤代烷中除去醇及醚。

固体物质的萃取通常借助于索氏（Soxhlet）提取器，利用溶剂回流及虹吸原理，使固体有机物连续多次被纯溶剂萃取。

三、实验方法

(一) 液-液萃取

1. 间歇多次萃取

一般选择一个比被萃取液大 1～2 倍体积的分液漏斗，在活塞上涂好润滑脂（凡士林等），塞好后旋转数圈，使润滑脂均匀分布，然后将活塞关闭好。装入待萃取物和溶剂，装入量约占分液漏斗体积的三分之一，盖好漏斗玻璃塞，旋紧且封闭气孔，以免漏液。正确地拿好分液漏斗，把漏斗放平前后摇荡数次 [如图 2-27(a)]，使两液间充分接触，以提高萃取效率。开始振摇时要慢，每振摇几次后，将分液漏斗尾部向上倾斜（注意不要指向同实验者），左手仍握在活塞支管处，食拇两指开动活塞放气 [如图 2-27(b)]。以用乙醚萃取水溶液中的化合物为例，在振摇后乙醚可产生 $4\times10^4\sim 66\times10^4$ Pa 的蒸气压，加之原来空气和水的蒸气压，漏斗中的压力大大超过大气压，若不注意放气，塞子可能被顶开出现漏液。放气后，关好活塞再振摇。如此振摇放气 2～3min，把漏斗架在铁圈上静置，使两液分层。然后，把漏斗塞对好放气孔，将下面活塞慢慢旋开，使下层液从活塞放出。上层液从分液漏斗的上口倒出，切不可从下面放出，以免被残留在漏斗颈下的第一种液体所玷污。分液时一定要尽可能分离干净，有时在两液相之间可能出现的一些絮状物也应同时放出。有机溶液存放在干燥的锥形瓶中，水溶液再倒回分液漏斗中，再用新的萃取溶剂萃取。一般萃取3～5次，将所有萃取液合并，加入适当干燥剂进行干燥。除去溶剂。

以右手手掌顶住漏斗磨口玻璃塞子，手指（根据漏斗的大小）可握住漏斗颈部或本身。左手握住漏斗的活塞部分，大拇指和食指按住活塞柄，中指垫在塞座下边，振摇时将漏斗稍倾斜，漏斗的活塞部分向上，这样便于自活塞放气。

分液漏斗的塞子和活塞最好能用细绳子（或橡皮筋）套扎在漏斗身上，以免滑出打碎或调错。放在烘箱中烘时，应将两塞子取下。

图 2-27　分液漏斗的使用和操作

在萃取时，可利用"盐析效应"，在水溶液中先加入一定量电解质（如 NaCl），以降低有机物和萃取溶剂在水中的溶解，提高萃取效果。在萃取某些含有碱性或表面活性较强的物质时，常会产生乳化现象，有时由于存在少量轻质沉淀，溶剂部分互溶，两液相密度相差较小等，都会使两液相不能很清楚地分开，这时，可采用的方法有：①较长时间静置；②加入少量电解质（如 NaCl），利用盐析作用，破坏由于两相密度相差很小时产生的乳化现象；③加少量的稀硫酸或采用棉花过滤等方法清除因碱性物质存在而产生的乳化现象；④加热以破坏乳状液（注意防止燃烧）或滴加数滴醇改变表面张力，以破坏乳化现象。

萃取溶剂的选择，应随被萃取化合物的性质而定，一般难溶于水的物质用石油醚等萃取；较易溶者，用苯或乙醚萃取；易溶于水的物质用乙酸乙酯等萃取。选择溶剂不仅要考虑溶剂对被萃取物质的溶解度和对杂质的溶解度要大小相反，而且还要注意溶剂的沸点不宜过高，否则回收溶剂不容易。溶剂的毒性要小，稳定性高，密度适当。

2. 连续萃取

当有机化合物在原有溶剂中比在萃取溶剂中更易溶解时，就必须使用大量溶剂进行多次萃取。用间歇多次萃取效率差，且操作繁复损失大。为提高萃取效率，减少溶剂用量和纯化物的损失，多采用连续萃取装置，使溶剂在进行萃取后能自动流入加热器，受热气化，冷凝变为液体再进行萃取，如此循环即可萃取出大部分物质。此法萃取效率高，溶剂用量少，操作简便，损失较小，但时间较长。根据所用萃取溶剂密度大于或小于被萃取溶液密度的条件，应采用不同的实验装置。如图 2-28 所示。

(二) 液-固萃取

自固体中萃取化合物，通常是用长期浸出法进行，但效率不高，溶剂用量大。实验室中常用脂肪提取器（或叫索氏提取器，见图 2-29）来提取，它是利用溶剂回流及虹吸原理，使固体物质每一次都为纯的溶剂所萃取，效率较高，节约溶剂。但受热易分解或变色的物质及高沸点的溶剂不宜用于此法。

萃取前先将固体物质研细，以增加液体浸溶的面积，然后将固体物质放入滤纸套1内（图2-29），置于提取器2中（滤纸卷成圆柱状，直径略小于提取器2的内径，下端用线扎紧，上盖一小圆滤纸）。提取器下端通过带孔塞或磨口和盛有溶剂的烧瓶连接，上端接上冷凝管。开始加热至溶剂沸腾时，蒸汽通过玻管3上升，被冷凝成液体，滴入提取器中。当液面超过虹吸管4的最高处时，萃取液自动流入烧瓶中，萃取出部分物质。

如此循环，使固体中的可溶物质富集于烧瓶中，然后用适当的方法将萃取物从溶液中分离出来。

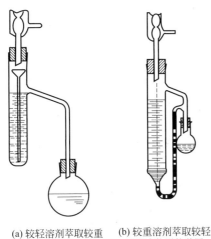

(a) 较轻溶剂萃取较重溶液中物质的装置
(b) 较重溶剂萃取较轻溶液中物质的装置

图 2-28　连续萃取装置

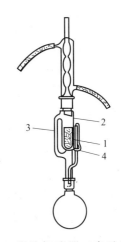

图 2-29　脂肪提取器（索氏提取器）
1—滤纸套；2—提取器；3—玻璃管；4—虹吸管

四、实验步骤

(一) 液-液萃取（选做实验）

把待萃取混合液 20mL 含 5% 的苯酚溶液放入分液漏斗中，再加 10mL 乙酸乙酯，按前述方法重复几次振摇、放气，再振摇相当时间，将分液漏斗静置于铁圈上。待溶液分层后，先打开分液漏斗上口塞，然后打开活塞，使下层液经活塞孔从漏斗下口慢慢放出，上层液自漏斗上口倒出。这样，萃取剂便带着被萃取物质从原混合物中分离出来。下层溶液重新倒回分液漏斗中，再用 5mL 乙酸乙酯萃取，操作同上。

取未经萃取的 5% 苯酚溶液和萃取后下层溶液各 2 滴于点滴板上，各加入 1% $FeCl_3$ 溶液 1~2 滴，比较颜色的变化。

(二) 液-固萃取（索氏提取法从茶叶中提取咖啡因）

装置如图 2-29 所示，称取 2g 茶叶细末，茶叶末装入纸筒中（纸筒的制作方法：取一张长方形滤纸卷成圆筒，底部封闭，注意纸筒的直径略小于索氏提取器的直径），或用二包茶叶包（约 2g，因茶叶包有层无纺布包住茶叶细末而无需纸筒），一起放入到索氏提取器中（可用玻璃棒轻轻送入索氏提取器的底部，滤纸的上部不能高于索氏提取器支管的顶部）。用量筒分别量取 60mL 和 40mL 乙醇加入到索氏提取器和烧瓶中。

仪器安装好后，将冷凝水接通，注意冷凝管的下口为进水口，冷凝管上口为出水口，加热回流。注意温度不宜太高。时间控制虹吸现象发生三次即可停止加热回流，关闭电源，观察乙醇的颜色变化。当索氏提取器中乙醇量的位置与虹吸管的上部在同一水平上时即发生虹吸现象。

拆下冷凝管和索氏提取器，在烧瓶上加上蒸馏头，安装成蒸馏装置，加热蒸馏出乙醇，注意不要蒸干，当烧瓶中的物质可以倒出时，即可停止蒸馏。蒸出的乙醇倒入回收瓶中，可以再次利用。蒸馏剩的物质倒入蒸发皿，小火加热边搅拌边蒸干乙醇，得到从茶叶中提取的咖啡因。

五、实验记录

称取咖啡因的重量，记录咖啡因的形态、颜色、气味等。

六、注意事项

1. 常用的分液漏斗有球形和梨形两种。在使用分液漏斗前必须检查活塞是否漏水，如有漏水现象，应及时处理，脱下活塞，用纸或干布擦净活塞及活塞孔道的内壁，然后用玻璃棒沾取少量凡士林，先在活塞近把手的一端抹上一层凡士林，注意不要抹在活塞的孔中，再在活塞孔道内也抹一层凡士林（方向与活塞相反），然后插上活塞，旋转至透明时即可使用。分液漏斗用后，应用水冲洗干净，玻璃塞用薄纸包裹后塞回去。

使用分液漏斗时应注意：
① 不能把活塞上附有凡士林的分液漏斗放在烘箱内烘干；
② 不能用手拿分液漏斗的下端；
③ 不能用手拿住分液漏斗进行分离液体，必须先固定于铁圈内；
④ 玻璃塞打开后才能开启活塞；
⑤ 下层液体从漏斗下端放出，上层液体从上口倒出。

2. 分层后若分不清哪一层是有机溶液，可取少量任意一层液体，加入水，加水后若分层，则说明该层为有机溶液，若不分层则为水相。在实验结束前，均不要把萃取后的水溶液倒掉，以免一旦弄错无法挽救。有时，溶液中溶有有机物后，密度会改变，不要以为密度小的溶液在萃取时一定在上层。

3. 用乙醚作萃取溶剂时，应特别注意周围不要有明火。振荡时，要用力小，时间短，多放气，否则，漏斗中蒸气压太大，液体会冲出，造成事故。

七、思考题

1. 若用下列溶剂萃取水溶液，它们将在上层还是下层？乙醚、氯仿、丙酮、乙烷、苯。
2. 影响萃取法萃取效率的因素有哪些？怎样才能选择好溶剂？
3. 同样体积溶剂分几次连续萃取与一次萃取哪个效率高？如何解释？

实验八　升　华

一、实验目的

了解升华的原理、意义，学习实验室常用的升华方法。

二、实验原理

升华是纯化固体有机物的一种方法，它是使某些固体有机物受热气化为蒸气，然后蒸气又直接冷凝为固体的过程。严格地说，此过程包含了两个步骤。第一步是升华，即固态物质不经液态而直接转变成蒸气；第二步是凝华，即蒸气直接转变为固体。并不是所有的固体物质都能用升华方法来纯化的，只有那些在其熔点温度下具有相当高（高于2660Pa）蒸气压的固体物质才能利用升华法，除去不挥发性杂质，或与挥发度不同的固体物质分离。对称性较高的固体物质，其熔点一般较高，并且在熔点温度下往往具有较高蒸气压，这类物质常常采用升华法来提纯。

为了深入地了解升华的原理，首先应研究固、液、气三相平衡。物质三相平衡图如图 2-30。

ST 表示固相与气相平衡时，固相的蒸气压曲线，TW 是液相与气液平衡时液相的蒸气压曲线，TV 为固相与液相的平衡曲线。三线相交于 T，T 为三相点，在这一温度和压力下，三相处于平衡状态。在图上可见，在三相点以下，化合物只有气、固两相，若温度降低蒸气就不再经过液态而直接变为固态。所以，升华操作在三相点温度以下进行。若某化合物在三相点温度以下的蒸气压很高，则气化速率很大，这样就很容易从固态直接变成蒸气，而且此化合物蒸气压随温度降低而下降，稍一降低温度，即可由蒸气直接变成固体，此化合物在常压下较易用升华法来纯化。

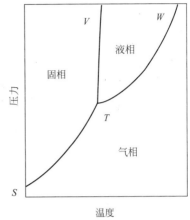

图 2-30 物质三相平衡图

例如六氯乙烷（三相点温度 186℃，压力 780mmHg），在 185℃ 时蒸气压已达 760mmHg（1mmHg=133.322Pa），因而在低于 186℃ 时就完全由固相直接挥发为蒸气，不经液态阶段。

例如樟脑（三相点温度 179℃，压力 370mmHg），在 160℃ 时，蒸气压为 218.5mmHg，即未达到熔点前已有相当高的蒸气压，只要缓缓加热，使温度维持在 179℃ 以下，它就可不经熔化而直接气化，蒸气遇到冷的表面就凝结成为固体，这样蒸气压可始终维持在 370mmHg 以下，直至挥发完毕。像樟脑这样的固体物质，三相点平衡蒸气压低于一个大气压，假如加热很快，使蒸气压超过了三相点的平衡压力，固体就会熔化成为液体。如继续加热至 760mmHg 时，液体就开始沸腾。

有些物质在三相点的蒸气压较低，用普通升华法不能得到满意产率的升华产物，此时，可采用减压升华的方法，或将化合物加热至熔点以上，使之具有较高的蒸气压，同时通入空气或惰性气体来带出蒸气，促使蒸发速度增快，并可降低被纯化物质的分压，使蒸气不经液化而直接凝成固体。

用升华法制得的产品，纯度较高，但损失较大。

三、实验装置

常用的升华装置如图 2-31 所示。

如图 2-31(a) 所示，待纯化的物质放在蒸发皿中，上面覆盖一张穿有许多小孔的滤纸，然后将大小合适的玻璃漏斗倒覆在上面，漏斗的颈部塞玻璃毛或棉花团，减少蒸气逃逸。在砂浴或石棉网上渐渐加热蒸发皿，控制温度慢慢升高，使待提纯物质气化，蒸气通过滤纸小孔上升，冷却后凝结在滤纸上或漏斗的内壁上。

图 2-31(b) 所示为空气或惰性气体中进行升华的装置，在锥形瓶上打有双孔的塞子，一孔插入玻管以导入空气或惰性气体，另一孔插入接液管，接液管的另一端伸入圆底烧瓶中，烧瓶口塞一些棉花或玻璃毛。当物质开始升华时，通入空气或惰性气体，带出升华物质，遇到冷水冷却的烧瓶壁就凝结在壁上。

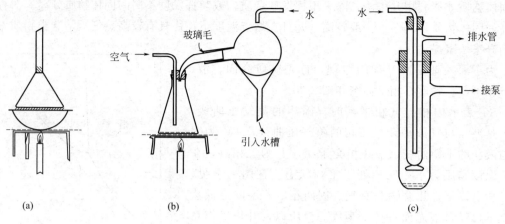

图 2-31 几种升华装置

图 2-31(c) 所示为一种减压升华装置，将固体物质放到吸滤管底部。然后将装有指形冷凝管的橡皮塞紧密塞住管口，利用水泵或油泵抽气减压，接通冷凝水，并将吸滤管放入油浴或水浴中加热，使固体升华。升华物蒸气在指形冷凝管底部遇冷凝结。减压升华法特别适用于常压下蒸气压不大或受热易分解的物质。

四、实验步骤

1. 粉碎待纯化样品（本实验以樟脑为材料）。
2. 按图 2-31(a) 装配好各仪器。
3. 缓慢加热，待漏斗壁上附有较多白色晶体时可停止。

五、注意事项

1. 由于升华发生在物质表面，所以待升华物质应预先粉碎。
2. 加热速度一定要慢，让温度渐渐上升，以免突破三相点，使固体熔化而非升华。开始升华时，小心调节火力，让其慢慢升华。
3. 冷却面与升华物质的距离应尽可能近些，以减少损失。
4. 可在石棉网上铺一层厚约 1cm 的细砂代替砂浴。

六、思考题

1. 具备什么条件的固体物质可使用升华法提纯？
2. 带有许多小孔的、盖在固体物质上的滤纸片有何作用？
3. 常压下易熔而不易升华的物质，其蒸气压有何特点？

实验九　熔点的测定

一、实验目的

了解熔点测定的意义，掌握测定熔点的操作方法。

二、实验原理

每个晶体有机物都有一定的熔点（melting point，缩写为 m.p.）。熔点是该物质在大气压力下，固态与液态平衡的温度。化合物从开始熔化至完全熔化的温度范围叫做熔点距，也叫熔点范围或熔程。对于一个纯物质来讲,在一定压力下,固液二态之间的变化是非常敏锐的,熔点距不超过1℃,混有杂质后,熔点即下降,熔点距也较宽。因此利用熔点,可以估计出该化合物的纯度。也可以利用两种物质混合熔点是否下降,以判断这两种熔点相近的化合物是否相同。

以上所述熔点的各种特性,可从物质的蒸气压与温度的曲线来理解。固体和液体物质的蒸气压,均随温度升高而增加(见图2-32)。曲线 SM 表示一种物质在固态时温度与蒸气压的关系曲线,ML 表示液态时温度与蒸气压的关系。在交叉点 M 处,固液二态可同时并存,这时温度即是该物质的熔点(T)。当有杂质存在时,根据拉乌耳(Raoult)定律,在一定压力和温度下,在溶剂中增加溶质后,将导致溶液的蒸气压降低,因此,该物质在固态时,蒸气压与温度的关系不变,而在液态时的蒸气压 $M'L'$ 相应降低,固液二态交叉点 M' 所代表的熔点也相应下降(图2-33)。

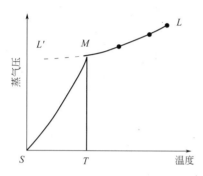 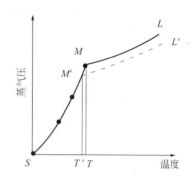

图 2-32 物质蒸气压和温度的关系　　　　图 2-33 杂质对蒸气压和熔点的影响

三、所用试剂

A. R. 尿素,A. R. 肉桂酸,肉桂酸和尿素等量混合物。

四、实验步骤

(一)毛细管法测定熔点(选做实验)

1. 熔点管

通常用内径约1mm、长约60~70mm、一端封闭的毛细管作为熔点管。毛细管的拉制见实验一。

2. 装样

样品必须烘干并研细,放在干燥器中待用。取0.1~0.2g样品,放在干净的表面皿上,用玻棒或不锈钢刮刀将其聚成小堆。将毛细管的开口插入样品堆中,使样品挤入管内,然后将开口端向上竖立,再将装有样品的毛细管,通过一根直立于玻璃片上的玻璃管(长约40cm),自由地落下,如此反复几次,直至样品装入的高度约3~4mm为止。装样要迅速,防止样品受潮,装入的样品要结实,不能留有空隙,否则会影响传热,样品受热不均,结果就不准确。

3. 装置

毛细管法测熔点装置甚多,本实验采用两种常用的装置。

第一种装置是取一个100mL的高型烧杯,置于放有铁丝网的铁环上,在烧杯中放一支玻璃搅拌棒(玻棒底端烧一个环,方便搅拌),放入约60mL浓硫酸(或甘油)作为传热介质。用橡皮圈将毛细管紧固在温度计上。样品部分应靠在温度计水银球的中部(如图2-34),最后在温度计上端套一软木塞,并用铁夹挂住,将其垂直固定在离烧杯底约1cm的中心处。

第二种装置是利用提勒(Thiele)管(又叫b形管或熔点测定管)。将熔点测定管夹在铁座架上，装入浓硫酸或甘油于管中至高出上侧管时即可。熔点测定管口配一缺口单孔软木塞，温度计插入孔中，刻度应向软木塞缺口。把毛细管用上面的方法附在温度计旁。温度计插入熔点测定管中的深度以水银球恰在熔点测定管的两侧管的中部为宜。加热时，火焰须与熔点管的倾斜部分接触。这种装置的优点是，管内液体因温度差而发生对流作用，省去了人工搅拌的麻烦，但常因温度计的位置和加热部位的变化而影响测定的准确度（图2-35）。

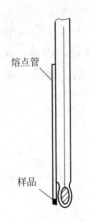

图2-34　温度计上毛细管的位置

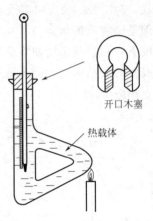

图2-35　提勒熔点测定仪

4. 测定方法

测定熔点时一定要戴护目镜。把测定熔点装置放在光线充足的地方。熔点测定的关键之一是加热速度，使热能透过毛细管，样品受热熔化，要令熔化温度与温度计所示温度一致。一般方法，先在快速加热下，测定化合物的大概熔点，再作第二次测定。待热浴的温度下降大约30℃时，换一根样品管，慢慢地加热，以每分钟上升约5℃的速度升温，当热浴温度达到熔点下约15℃时，应减缓加热速度，每分钟上升约1~2℃，一般可在加热中途，试将热源移去，观察温度是否上升，如停止加热后温度亦停止上升，说明加热速度是比较合适的。当接近熔点时，加热要更慢，每分钟约上升0.2~0.3℃，此时应特别注意温度的上升和毛细管中样品的情况，当毛细管中样品开始踢落和有湿润现象，出现小滴液时，表示样品已开始熔化，为始熔，记下温度，继续微热至微量固体样品消失成为透明液体时，为全熔，即为该化合物的熔点距。

熔点测定，至少有两次重复的数据，每一次测定都必须用新的毛细管装新样品，不能用已测定熔点的样品管冷却，使其中的样品固化后再作第二次测定，因为有时某些物质会产生部分分解，有些会转变成具有不同熔点的其他结晶形式。实验毕，把温度计放好，让其自然冷却至接近室温时用废纸擦去表面液体，才可用水冲洗，否则容易发生水银柱断裂。

5. 注意事项

（1）用本法测量熔点时，温度计上熔点读数与真实熔点之间常有一定的偏差。这可能是由于温度计的质量引起的，故使用的温度计要进行校正。例如一般温度计的毛细孔径不一定很均匀，有时刻度也不很准确。其次温度计有全浸式和半浸式两种，全浸式温度计的刻度是在温度计的汞线全部受热的情况下刻出来的，而在测熔点时仅有部分汞线受热，因而露出的汞线温度当然较全部受热者为低。另长期使用的温度计，玻璃也可发生体积变形而使刻度不准。为了校正温度计，可选用一标准温度计与之比较。通常也可采用纯粹有机化合物的熔点作为校正的标准。通过此法校正的温度计，上述误差可一并除去。校正时，选择数种已知熔点的纯粹化合物作为标准，测定它们的熔点，以观察到的熔点作纵坐标，测得熔点与应有熔点的差数作横坐标，画成曲线。在任一温度时的读数即可直接从曲线中读出。

用熔点方法校正温度计的标准样品如下，校正时可以具体选择：

水-冰	0℃	乙酰苯胺	114.3℃
α-萘胺	50℃	苯甲酸	122.4℃
二苯胺	53℃	尿素	135℃
对二氯苯	53℃	二苯基羟基乙酸	151℃
苯甲酸苄酯	71℃	水杨酸	159℃
萘	80.55℃	对苯二酚	173～174℃
间二硝基苯	90.02℃	3,5-二硝基苯甲酸	205℃
二苯乙二酮	95～96℃	蒽	216～216.4℃
酚酞	262～263℃	蒽醌	286℃（升华）

（2）若用浓硫酸作热浴时，应特别小心，不要让硫酸灼伤皮肤。还要注意勿使样品或其他有机物触及硫酸，否则硫酸颜色会变棕黑，妨碍观察，如已变黑，可酌情加少量硝酸钠（或硝酸钾）晶体，加热后便可褪色。

热浴的液体除用浓硫酸外，还可用液体石蜡、甘油、棉籽油、蓖麻油、磷酸或硅油。可根据加热温度需要而选择。

（二）显微熔点测定法（选做实验）

显微熔点测定法是用显微熔点测定仪或精密显微熔点测定仪测定熔点。实质是在显微镜下观察熔化过程。例如北京第三光学仪器厂产品 X4 型显微熔点测定仪，样品的最小测试量不大于 0.1mg，测量熔点温度范围 20～32℃（图 2-36）。

本法优点是样品用量少，能精确观察物质受热过程，并可测高熔点样品。

（三）数字熔点仪测定法

数字熔点仪测定法是用具有自动显示初始温度和全熔温度的熔点仪进行自动测试样品熔点的方法，常用数字熔点仪有 WRS-1B 型（见图 2-37）和 WRS-1A/B 型。

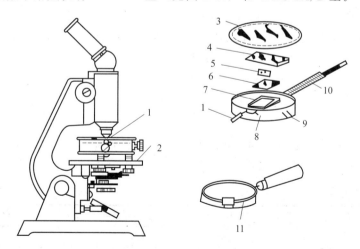

图 2-36　显微熔点仪

1—调节载片支持器的把手；2—显微镜台；3—有磨砂边的圆玻璃盖；4—桥玻璃；
5—薄的覆片；6—特殊玻璃载片；7—可移动的载片支持器；8—中间有小孔的加热器；
9—与电阻连接的接头；10—温度计；11—冷却电热板的铝盖

图 2-37 WRS-1B 型数字熔点仪

WRS-1B 型熔点仪使用方法：

1. 开启电源开关，等待 2~3s，屏幕显示请输入预置温度（050℃），用 "→"、"←"、"＋"、"－" 四个功能键设置预置温度，设置完毕后按 "预置"。

2. 此时屏幕显示请输入升温速率（1.0℃/min），用 "＋"、"－" 两个功能键设置升温速率（测纯净物时设 3℃/min，测混合物设 5℃/min），设置完毕后按 "预置"。

3. 当屏幕显示上升到预置温度并稳定下来时，插入毛细管，按 "升温" 键，测试结束屏幕自动显示初熔值和终熔值，记录熔点数据。

4. 此时屏幕显示 "是否重设参数"，使用 "→"、"←" 两个功能键进行选择，然后按 "↵" 重新进入到刚开机时的状态。

5. 实验结束，关闭电源开关。

WRS-1A/B 型熔点仪使用方法：

1. 试样用毛细管装填，方法与毛细管法测定熔点的装样相同。

2. 开启电源开关，稳定 20min，此时，保温灯，初熔灯亮，电表指针偏向右方。

3. 用拨盘设定起始温度（顺拨），按下起始温度按钮，输入此温度，此时预置灯亮。

4. 将速度选择开关扳至需要位置（一般扳到 3~4 让其迅速升温）。

5. 当预置灯熄灭时，起始温度设定毕，插入样品毛细管，此时电表基本显示为零，初熔灯熄灭。如不为零，用调零钮调整使指针指向零。

6. 按下升温钮，升温指示灯亮。

7. 数分钟后，初熔灯闪亮，然后出现终熔读数显示，按初熔钮即得其读数（初熔温度）。

8. 实验结束，把设定温度调到较低位置（顺拨），使仪器迅速降温，拔出毛细管，关闭电源开关。

五、实验记录

样品	初熔温度/℃	终熔温度/℃	熔点距
尿素			
尿素和肉桂酸混合物			

六、注意事项

1. 毛细管放进样品池时如果觉得太紧，应另换一根，不能硬塞进去，否则会堵塞样品池，甚至损坏仪器。

2. 样品必须烘干，磨碎，用自由落体法敲击毛细管，使样品结实，样品填充高度在3~10mm之间，同一批号样品高度应一致，以确保测量结果的一致性。

3. 设定起始温度切勿超过300℃，否则仪器将会损坏。

4. 实验结束，实验者应把仪器表面及周围清洁干净，在仪器使用记录本上签名后方可离开实验室。

实验十　折射率的测定

一、实验目的

学习有机化合物折射率的测定。

二、实验原理

折射率是物质的特性常数，固体、液体和气体都有折射率，尤其对于液体，记载更为普遍。液体的折射率随一些因素而变化，如随入射光波长不同而变，一般是随入射光光波长的降低而增加。另外也随测定时温度不同而变，折射率会随温度的增加而减小，一般有机物当测定温度升高1℃，折射率就下降0.0004，所以，折射率的表示需要注出所用光波长和测定温度。例如乙酰乙酸乙酯在钠的黄光（波长为589.3nm）下于20.5℃时测得的折射率为1.4180，可表示成$n_D^{20.5}=1.4180$，D表示钠光，n为折射率。

折射率测定使用的仪器是阿贝（Abbe）折光仪。

折射率测定有以下几点应用：

1. 测定所合成的已知化合物的折射率与文献值对照。

2. 所合成的未知化合物经化学分析确证后，测其折射率，作为一项物理常数。

3. 将折射率作为检验原料、溶剂、中间体及最终产品纯度的依据（假定它们常温下都是液体）。

4. 分馏时，配合沸点，作为划分馏分的依据。

5. 根据反应物和生成物（指液体）的折射率改变情况，推测反应进行的程度。

三、所用试剂

无水乙醇，丙酮。

四、实验步骤

(一) **WYA 阿贝（Abbe）折光仪构造**

1. 光学部分

仪器的光学部分由望远系统与读数系统两部分组成（见图2-38）。进光棱镜1与折射棱镜2之间有一微小均匀的间隙，被测液体就放在此空隙内。当光线（自然光或白炽光）射入进光棱镜1时便在其磨砂面上产生漫反射，使被测液体层内有各种不同角度的入射光，经过折射棱镜2产生一束折射角均大于出射角度的光线。由摆动反射镜3将此束光线射入消色散棱镜组4，此消色散棱镜组是由一对等色散阿米西棱镜组成，其作用是获得一可变色散来抵消由于折射棱镜对不同被测物体所产生的色散。再由望远物镜5将此明暗分界线成像于分划板7上，分划板上有十字分划线，通过目镜8能看到如图2-39上半部所示的像。

37

光线经聚光镜12照明刻度板11，刻度板与摆动反射镜3连成一体，同时绕刻度中心作回转运动。通过反射镜10，读数物镜9，平行棱镜6将刻度板上不同部位折射率示值成像于分划板7上（见图2-39下半部所示的像）。

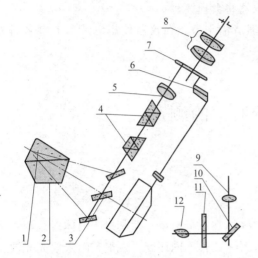

图2-38　WYA阿贝（Abbe）折光仪光学部分

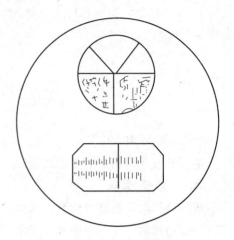

图2-39　光学部分成像图

2. 结构部分

WYA阿贝折光仪结构图如图2-40所示。底座14为仪器的支承座，壳体17固定在其上。除棱镜和目镜以外全部光学组件及主要结构封闭于壳体内部。棱镜组固定于壳体上，由进光棱镜、折射棱镜以及棱镜座等结构组成，两只棱镜分别用特种黏合剂固定在棱镜座内。5为进光棱镜座，11为折射棱镜座，两棱镜座由转轴2连接。进光棱镜能打开和关闭，当两棱镜密合并用手轮10锁紧时，二棱镜面之间保持一均匀的间隙，被测液体应充满此间隙。3为遮光板，18为四只恒温器接头，4为温度计，13为温度计座，可用乳胶管与恒温器连接使用。1为反射镜，8为目镜，9为盖板，15为折射率刻度调节手轮，6为色散调节手轮，7为色散值刻度圈，12为照明刻度盘聚光镜。

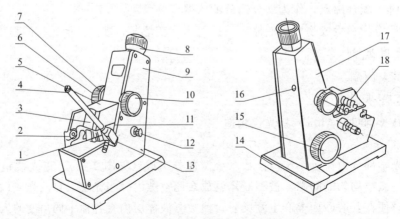

图2-40　WYA阿贝折光仪结构图

（二）折光仪的校正

折光仪的校正可利用附件内的标准玻璃块，上面刻有固定的折射率。先将棱镜完全打开使成水平，将溴代萘（$n=1.66$）少许置光滑面棱镜上，玻璃块就黏附在上面，当读数视场指示于标准试样上之值时,观察望远镜内明暗分界线是否在十字线中间,若有偏差则用螺丝刀微量旋转图 2-40 上小孔 16 内的螺钉,带动物镜偏摆,使分界线像位移至十字线中心。反复多次,使示值的起始误差降到最小。校正完毕后,测定过程不许再动微调。

另一校正方法是用重蒸馏水作标准样品。将 1~2 滴重蒸馏水滴于镜面上,关紧棱镜,转动刻度盘,使读数镜内标尺读数等于重蒸馏水的折射率($n_D^{20}=1.33299$,$n_D^{25}=1.3325$),重复上面的操作。

(三) 折光仪操作程序

1. 每次测定前,须用无水乙醇轻洗抛光面;操作每个步骤动作要轻。以防止光学零件损伤及影响精度。

2. 将被测液体用干净滴管加在折射镜表面,并将进光棱镜盖上,用手轮锁紧,要求液层均匀,充满视场,无气泡。打开遮光板,合上反光镜,调节目镜视度,使十字线成像清晰,此时旋转手轮并在目镜中找到明暗分界线的位置,在旋转调节色散手轮使分界线不带任何彩色,微调手轮,使分界线位于十字线的中心,再适当转动聚光镜,此时目镜视场下方显示的示值即为被测液体的折射率。

3. 测定完毕,用无水乙醇清洗样品池,并用擦镜纸吸干。

(四) 注意事项

1. 清洗镜面的时候必须轻轻吸干,不能用力擦,否则会损坏镜面,影响测试结果;
2. 仪器应避免强烈震动或撞击,防止光学零件震碎,松动而影响精度;
3. 本仪器严禁测试腐蚀性较强的样品;
4. 使用完后必须把仪器和周围环境清理干净,在使用登记本上签字后方可离开实验室。

(五) 折光仪的维护

1. 折光仪在使用前后,棱镜均需用丙酮或乙醚洗净,并干燥之,滴管或其他硬物均不得接触镜面,擦洗镜面只能用丝巾或擦镜纸吸干液体,不能用力擦,以防擦花。

2. 用完,要流尽金属套中的恒温水,拆下温度计并放在纸套筒中,将仪器擦净,放入盒中。

3. 折光仪不能放在日光直射或靠近热源的地方,以免样品迅速蒸发。仪器应避免强烈震动或撞击,以防光学零件损伤及影响精度。

4. 酸、碱等腐蚀性液体不能使用阿贝折光仪测折射率,可用浸入式折光仪测定。

5. 折光仪不用时需放在木箱内,箱内应贮有干燥剂,木箱应放在干燥、空气流通的地方。

五、实验记录

样品	折射率	折射率	折射率	平均值
无水乙醇				
丙酮				

实验十一 旋光度的测定

一、实验目的

了解旋光仪的构造,掌握旋光度的测定方法。通过测定旋光度计算比旋光度或确定物质的浓度。

二、实验原理

手性分子具有旋光性。旋光度的大小可用旋光仪测定。

旋光仪的内部结构如图 2-41 所示。

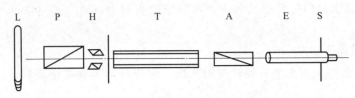

图 2-41 旋光仪的内部结构

L—钠光灯；P—起偏镜；H—辅助棱镜；T—样品管；
A—检偏镜；E—目镜；S—刻度转盘

由钠光灯 L 发出的外偏振光，通过起偏镜 P 后转变为偏振光。偏振光通过装有旋光性物质的样品管 T，使振动平面发生旋转。为了使偏振光能完全通过检偏镜 A，必须旋转检偏镜 A。当重新得到相等的视场时，检偏镜旋转的度数即为该物质的旋光度。检偏镜 A、目镜 E 和刻度转盘 S 装在一起，由刻度盘上转动的角度数，即可知道检偏镜的转动角度。刻度盘向右转，样品的旋光度为右旋，反之为左旋。

物质的旋光度大小与溶液的浓度、溶剂、温度、样品管的长度和光的波长都有关。因此，常用比旋光度 $[\alpha]_\lambda^t$ 来表示各物质的旋光性。

$$纯液体的比旋光度 [\alpha]_\lambda^t = \frac{\alpha}{Ld}$$

$$溶液的比旋光度 [\alpha]_\lambda^t = \frac{\alpha}{Lc}$$

式中 $[\alpha]_\lambda^t$ ——旋光性物质在温度 t（℃），光源波长为 λ 时的比旋光度。通常在 25℃用钠光灯作光源测定旋光度，此时比旋光度记为 $[\alpha]_D^{25}$；

D——钠光灯光谱中的 D 线，波长相当于 589.3nm；

α——实验测得的旋光度；

L——样品管的长度，dm；

d——纯液体的密度，g/mL；

c——溶液的浓度，g/mL。

三、所用药品

10%葡萄糖溶液；未知浓度的葡萄糖溶液。

四、实验步骤

（一）样品管装液

打开样品管一端的螺丝帽盖，将样品管直立，装满溶液，并使液面突出管口。将玻璃盖沿管口边缘轻轻平推盖好，管内不能带入气泡，盖上螺丝帽盖，旋紧。使之不漏水但不要过紧，过紧会使玻璃盖产生扭力，使管内有空隙，影响旋光度。最后将样品管外的液体擦干。

（二）旋光仪零点的校正

在测样品前，要先校正旋光仪的零点。将装有蒸馏水的样品管放在旋光仪内，关上盖子，开启纳光灯，约 5min，待灯发光正常后将刻度盘调节在零字附近。旋动粗动、微动手轮，使视场内Ⅰ和Ⅱ部分的亮度一致，见图2-42所示，记下读数，重复操作五次，取其平均值，此为旋光仪零点。

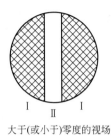
大于(或小于)零度的视场

零度视场

大于(或小于)零度视场

图 2-42　旋光仪视场图

（三）旋光度的测定

1. 准确称取 10g 样品，在 100mL 容量瓶中配成溶液，先用溶液洗涤样品管二次，然后把溶液装入两根长度不同的样品管。将样品管放入旋光仪内，按测定零点的方法重复操作五次，取五次读数的平均值，所得数值与零点的差值即为该样品的旋光度。

记录样品管的长度及溶液的浓度，按公式计算比旋光度。

2. 未知浓度的溶液，通过旋光度的测定，确定其浓度。

五、注意事项

1. 仪器连续使用时间不宜超过 4h，如使用时间过长，应熄灯 10～15min，待灯冷却后再继续使用，否则影响灯的寿命。

2. 样品管用后要及时将溶液倒出，用蒸馏水洗净，抹干放好。

3. 所有镜片不得用手擦拭，应用擦镜纸擦拭。

六、思考题

1. 某旋光性物质，在 10cm 的盛液管中测得旋光度为 $+30°$，怎样用实验证明它的比旋光度确是 $+30°$，而不是 $-330°$，也不是 $+390°$？

2. 已知葡萄糖在水中的比旋光度为 $[\alpha]_D^{20}$ 为 $+52.5°$，将某葡萄糖水溶液放在 1dm 长的盛液管中，在 20℃ 测得其旋光度为 $+3.2°$，求这个溶液的浓度。

3. 测定液体旋光度时，要注意哪些问题？

第三部分 普通有机化合物的制备和性质

实验十二　乙酸乙酯的制备

一、实验目的
掌握从有机酸合成酯的原理及方法，巩固分液漏斗、蒸馏的操作方法。

二、实验原理及反应式
主反应：
$$CH_3COOH + CH_3CH_2OH \xrightarrow{H_2SO_4} CH_3COOCH_2CH_3 + H_2O$$

副反应：
$$2CH_3CH_2OH \xrightarrow{H_2SO_4} CH_3CH_2OCH_2CH_3 + H_2O$$

三、所用试剂
冰醋酸 12mL，无水乙醇 19mL，浓硫酸 5mL，饱和碳酸钠溶液适量，饱和氯化钙溶液 10mL，无水硫酸镁 1g，饱和食盐水 10mL。

四、实验步骤
在 250mL 的圆底烧瓶中，加入 19mL 无水乙醇和 12mL 冰醋酸，然后一边摇动一边慢慢地加入 5mL 浓硫酸，放入 2~3 粒沸石，在烧瓶口装上回流冷凝管（见图 3-1）。

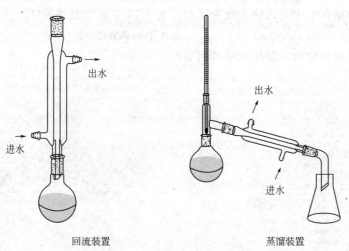

回流装置　　　　　　蒸馏装置

图 3-1　乙酸乙酯的制备

用加热套加热圆底烧瓶保持缓缓回流半小时，然后等反应物冷却后，将回流装置改成蒸馏装置，接收瓶用冷水冷却。加热蒸出乙酸乙酯，直到馏出液体积约为反应物总体积一半为止。

反应完毕后，将饱和碳酸钠溶液缓慢地加到馏出液中，用pH试纸测试直到中性为止。把混合液倒入分液漏斗中，静置，分去下层水溶液，酯层用10mL饱和食盐水洗涤，再用10mL饱和氯化钙溶液洗涤，分去下层液体，最后用蒸馏水洗一次，分去下层液体，从分液漏斗上口将乙酸乙酯倒入干燥的小锥形瓶内，用1g无水碳酸钾或无水硫酸镁干燥。粗产品约12.7g。

将粗乙酸乙酯进行蒸馏，收集73～78℃的馏分。产量约10g。

纯乙酸乙酯为无色而有香味的液体，沸点77.6℃，d_4^{20} 0.901，折射率 n_D^{20} 1.3723。

五、实验记录

称取乙酸乙酯产品重量，计算产率，记录乙酸乙酯的形态、颜色、气味等，测折射率确定纯度。

六、注意事项

1. 在馏出液中除了酯和水外，还含有未反应的少量乙醇和乙酸，也含有副产物乙醚。须用碱来除去其中的酸，用饱和氯化钙溶液除去未反应的醇。

2. 当酯层用碳酸钠洗过后，若紧接着就用氯化钙溶液洗涤，有可能产生絮状的碳酸钙沉淀，使进一步分离变得困难，故在这两步操作之间必须水洗一下。由于乙酸乙酯在水中有一定的溶解度，为了尽可能减少由此而造成的损失，所以实际上用饱和食盐水进行水洗。

七、思考题

1. 在本实验中，硫酸起什么作用？
2. 酯化反应有何特点？在实验中如何促使酯化反应向生成物方向进行？
3. 用饱和氯化钙溶液洗涤，能除去什么？为什么先要用饱和食盐水洗涤？是否可用水代替？

实验十三 1-溴丁烷的制备

一、实验目的

学习由丁醇溴代制备1-溴丁烷的原理和方法。练习带有吸收有害气体装置的回流加热操作。

二、实验原理及反应式

本实验1-溴丁烷是由正丁醇与溴化钠，浓硫酸共热制得。

主反应：
$$NaBr + H_2SO_4 \longrightarrow HBr + NaHSO_4$$
$$C_4H_9OH + HBr \rightleftharpoons C_4H_9Br + H_2O$$

副反应：
$$CH_3CH_2CH_2CH_2OH \xrightarrow{H_2SO_4} CH_3CH_2CH=CH_2 + H_2O$$
$$2CH_3CH_2CH_2CH_2OH \xrightarrow{H_2SO_4} CH_3CH_2CH_2CH_2OCH_2CH_2CH_2CH_3 + H_2O$$
$$2HBr + H_2SO_4 \xrightarrow{\triangle} Br_2\uparrow + SO_2\uparrow + 2H_2O$$

三、所用试剂

正丁醇 12.3mL（0.135mol），溴化钠（无水）16.5g（0.16mol），浓硫酸 20mL（0.36mol），10%碳酸钠溶液 20mL，无水氯化钙。

四、实验步骤

在250mL烧瓶中，放入15mL水，一边摇动一边慢慢地加入20mL浓硫酸，混合均匀并冷却至室温。加入正丁醇12.3mL，混合后加入16.5g研细的溴化钠，充分振荡，再加入

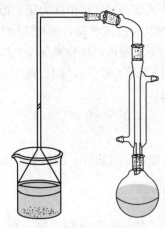

图 3-2　带尾气吸收
　　的回流装置

2～3粒沸石。烧瓶口装上一个回流冷凝管，在冷凝管的上口用弯玻璃管连接一个倒悬的小漏斗，漏斗倒置在盛水的烧杯中，其边缘接近水面，但不接触水面，见图 3-2。

将烧瓶放在电热套上，小火加热回流 30min，此间要经常摇动烧瓶至溴化钠固体溶解为止。稍冷后，卸下回流冷凝管，用蒸馏头连接冷凝管，进行蒸馏。仔细观察馏出液，直到无油滴蒸出为止。

把馏出液倒入分液漏斗中，用 10mL 水洗涤，将油层从下面放入另一个干燥的分液漏斗中，用等体积浓硫酸洗涤，放出下层的浓硫酸。油层依次用 20mL 水、20mL 10% 碳酸钠溶液和 20mL 水洗涤。将下层粗的 1-溴丁烷放入一个干燥的小锥形瓶中，加入 2～3g 块状无水氯化钙干燥之。在石棉网上加热蒸馏，收集 99～103℃ 的馏分。产量约 12g。

五、实验记录

称取产品 1-溴丁烷的重量，计算产率，记录产品的形态、颜色、气味等，测折射率，确定纯度。纯 1-溴丁烷为无色透明的液体，沸点 101.6℃，d_4^{20} 1.276，折射率 n_D^{20} 1.4401。

六、注意事项

1. 如用含结晶水的溴化钠，可进行换算，并相应地减少加入的水量。
2. 漏斗口切勿浸入水中，以免倒吸。
3. 如在加料过程中和反应回流时不振荡，将影响产量。
4. 1-溴丁烷是否蒸完，可从下列三个方面来判断：

① 馏液是否由浑浊变为澄清；

② 蒸馏瓶中上层油层是否已蒸完；

③ 取一支试管收集几滴馏液，加入少许水摇动，如无油珠出现，则表示有机物已被蒸完。

5. 用水洗涤后馏液如有红色，是因为含有溴的缘故，可加入 10～15mL 饱和亚硫酸氢钠溶液洗涤除去。
6. 粗 1-溴丁烷中含有少量未反应的正丁醇及正丁醚等杂质，它们都溶于浓硫酸而被除去。微量的正丁烯也溶于浓硫酸中。

七、思考题

1. 本实验有哪些副反应，如何减少副反应的发生？
2. 加热回流时，反应物呈红棕色，是什么原因？
3. 最后用碳酸钠溶液和水洗涤的目的是什么？

实验十四　乙酸正丁酯的制备

一、实验目的

掌握乙酸正丁酯的制备方法，学习分水器的使用及操作。

二、实验原理及反应式

主反应：

$$CH_3COOH + CH_3CH_2CH_2CH_2OH \xrightarrow{H_2SO_4} CH_3COOCH_2CH_2CH_2CH_3 + H_2O$$

副反应：

$$2CH_3CH_2CH_2CH_2OH \xrightarrow{H_2SO_4} CH_3CH_2CH_2CH_2OCH_2CH_2CH_2CH_3 + H_2O$$

$$CH_3CH_2CH_2CH_2OH \xrightarrow{H_2SO_4} CH_3CH_2CH=CH_2 + H_2O$$

酯化反应一般进行得很慢，如果加入少量催化剂（0.3% H_2SO_4），同时给反应物加热，可加快酯化反应速度。通常采用这两种方法促使反应物在较短时间内到达平衡。

根据酯化是可逆反应的特点，常采用增加某一反应物的用量或不断移去生成物的方法以破坏原有的平衡而达到提高另一原料的利用率和酯的产率的目的。

乙酸正丁酯、正丁醇和水三者形成沸点为 90.7℃ 的三元恒沸点混合物，其蒸气的质量组成为正丁醇 27.4%、乙酸正丁酯 35.2%、水 37.3%。冷凝成液体时分为二层，上层以酯和醇为主，下层以水为主（97%）。

本实验采用乙酸过量，并不断移去反应生成的水以提高反应产率。

乙酸正丁酯有刺激性香味，是重要的有机溶剂。

三、所用试剂

正丁醇 35mL，冰醋酸 22mL，浓硫酸 10 滴，10% 碳酸钠水溶液 10mL，无水硫酸镁 2～3g。

四、实验步骤

在圆底烧瓶中加入 35mL 正丁醇、22mL 冰醋酸、10 滴浓硫酸，摇匀后，加入 2～3 粒沸石。按图 3-3 所示在圆底烧瓶上安装好分水器和回流冷凝管，装置应确保垂直。分水器在安装前应先从分水器上端加蒸馏水至分水器支管处，然后从活塞放去一定体积的水（理论生成的水量，本实验约为 7.5mL 水量）。加热回流至分水器中水位不再上升，即可判断反应结束，可停止加热。

溶液冷却后，将分水器中的酯层与烧瓶中产物合并，再转移入分液漏斗中分离。再用 10mL 水、10mL 10% 碳酸钠洗溶液至中性（酯层用 pH 试纸检验，应呈中性，先用一滴水润湿试纸，再用一滴酯试验）。再水洗一次。粗产品用 2～3g 无水硫酸镁干燥。称重，计算产率，测折射率。

五、实验记录

称取产品乙酸正丁酯的重量，计算产率，记录产品的形态、颜色、气味等，测折射率确定纯度。

六、注意事项

1. 正丁醇-水共沸点 93℃（含 44.5% 水），共沸物冷却后，在分水器中分层，上层主要是正丁醇（含水 20.1%），下层主要为水（含正丁醇 79.1%）。

2. 加入硫酸要振摇均匀，否则硫酸会局部过浓，加热时会发生炭化现象。

3. 分水器易折断，使用时要小心。

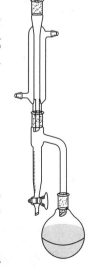

图 3-3 带分水器的回流装置

七、思考题

1. 本实验可能存在的副反应有哪些？采用什么方法可以提高酯的产率？
2. 制备乙酸乙酯也可以采用分水器除去反应生成的水吗？为什么？
3. 分水器的作用是什么？

实验十五　1,2-二溴乙烷的制备

一、实验目的

学习以醇为原料通过烯烃来制备邻二卤代烃的实验原理和方法，熟练分液漏斗的使用及蒸馏的操作。

二、实验原理及反应式

$$CH_3CH_2OH \xrightarrow{H_2SO_4} CH_2=CH_2 + H_2O$$

$$CH_2=CH_2 + Br_2 \longrightarrow BrCH_2CH_2Br$$

三、所用试剂

95%乙醇 15mL（0.79mol），浓硫酸 30mL，10%NaOH 适量，溴 3mL（0.06mol），无水氯化钙。

四、实验步骤

在100mL三颈圆底烧瓶中加入5mL 95%乙醇，烧瓶浸入冰水中，边振荡边小心地加入15mL浓硫酸。为了避免反应产生大量泡沫，可加入7g干净粗砂。在三颈圆底烧瓶的侧口插入温度计，中间口装上恒压滴液漏斗。另一侧口装上乙烯出口导管。出口导管连接100mL抽滤瓶，瓶内装少量水，插入安全管，抽滤瓶与三角瓶相连，作为洗瓶用，内盛10%氢氧化钠溶液吸收二氧化硫。三角瓶与盛有3mL液溴的具支试管连接（管内装有2～3mL水以减少溴的挥发），并置于盛有冷水的烧杯中，具支试管与盛有稀碱的小三角瓶相连，吸收溴的蒸气，如图3-4所示，装置要严密，防止漏气。

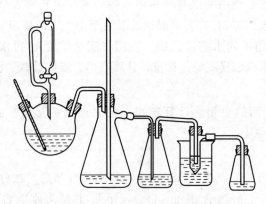

图3-4　1,2-二溴乙烷的制备装置

三颈圆底烧瓶在石棉网上加热，使瓶内反应物的温度迅速升至160～180℃，调节火力，保持温度在此区间内，使气泡迅速通过抽滤瓶的液层，但并不汇集成连续的气泡流。然后从滴液漏斗中慢慢滴加乙醇-硫酸混合液（10mL 95%乙醇和15mL浓硫酸混合），控制滴加速度和火力大小，保持乙烯气体均匀地通入具支试管中，反应约30min，到具支试管中液体褪色或接近无色为止。先拆下具支试管，然后停止加热。

将粗品移入分液漏斗中，分别用等量水洗涤一次，然后用等量的10％氢氧化钠溶液洗涤一次，最后再用水洗涤一次。把洗后的1,2-二溴乙烷放入干燥的小锥形瓶中，加1～2g无水氯化钙干燥。液体澄清后，进行蒸馏，收集129～132℃的馏分。产量7～8g。

纯1,2-二溴乙烷为无色液体，沸点131.3℃，d_4^{20} 2.1816，折射率 n_D^{20} 1.5387。

五、注意事项

1. 安全管插入液面以下距瓶底5～8mm。若安全管里水柱上升，表明系统发生堵塞，须立即排除。
2. 反应过程中浓硫酸易将乙醇氧化，同时硫酸本身被还原成二氧化硫。
3. 溴为剧毒、强腐蚀性药品，在取用时应特别小心，操作必须在通风橱中进行，并且注意不要吸入溴的蒸气。
4. 溴和乙烷发生反应时放热，如不冷却会导致大量溴逸出，影响产量。
5. 如果流速太快，乙烯来不及被溴吸收，反而会将较多的溴带出试管，使产量降低。
6. 如先停止加热易发生倒吸。

六、思考题

1. 本实验装置的恒压漏斗，安全器，洗瓶和吸收瓶各有什么用处？
2. 影响1,2-二溴乙烷产率的因素有哪些？
3. 最后蒸馏产品时，还有少量沸程为132～155℃的后馏分，这可能是什么成分？

实验十六　环己酮的制备

一、实验目的

学习由环己醇氧化制备环己酮的原理和方法，进一步巩固蒸馏的操作。

二、实验原理及反应式

$$3 \text{C}_6\text{H}_{11}\text{OH} + \text{Na}_2\text{Cr}_2\text{O}_7 + 5\text{H}_2\text{SO}_4 \longrightarrow 3 \text{C}_6\text{H}_{10}\text{O} + \text{Cr}_2(\text{SO}_4)_3 + 2\text{NaHSO}_4 + 7\text{H}_2\text{O}$$

三、所用试剂

环己醇10g（10.4mL），重铬酸钠10.4g，浓硫酸10mL，甲醇适量，无水硫酸镁适量，精盐适量。

四、实验步骤

在250mL圆底烧瓶内，放入60mL冰水，边振荡边慢慢地加入10mL硫酸，再加入10.4mL环己醇，然后将溶液冷却至15℃。

在100mL烧瓶内，将10.4g重铬酸钠溶于10mL水中，溶液冷却到15℃，然后将此溶液分几次加到环己醇的硫酸溶液中。此间不断振摇烧瓶，使反应物充分混合。第一次加入重铬酸钠后，反应物温度在55℃时，可用冷水浴适当冷却，控制反应温度在55～60℃。待反应物的橙红色完全消失后，再加下一次。

重铬酸钠溶液全部加完后，继续振荡烧瓶，直至反应温度出现下降趋势，再间歇振动5～10min，然后加入1～2mL甲醇以还原过量的氧化剂。

在反应物内加入50mL水及2～3粒沸石，在石棉网上加热蒸馏，把环己酮和水一起蒸出来。收集约40mL馏出液，馏出液中加入约8g精盐，搅拌使食盐溶解。将此液体倒入分液漏斗中，分离出有机层，用2～3g无水硫酸镁干燥，蒸馏，收集153～156℃的馏分。产量约6g。
纯环己酮为无色液体。沸点155.7℃，d_4^{20} 0.948，折射率 n_D^{20} 1.4507。

五、注意事项

1. 反应物不宜过于冷却，如果反应的重铬酸钠太多，达到一定浓度时，氧化反应会进行得非常剧烈。
2. 环己酮和水形成恒沸混合物，沸点95℃含环己酮38.4%。
3. 馏出液中加入食盐是为了降低环己酮的溶解度，有利于环己酮分层。

六、思考题

1. 在加重铬酸钠溶液过程中，为什么要待反应物的橙红色完全消失后，方能加下一批重铬酸钠？
2. 在整个氧化反应过程中，为什么要控制温度在一定的范围？
3. 氧化结束后，为什么要往反应物中加入甲醇？

实验十七　乙醚的制备

一、实验目的

学习制备乙醚的原理和方法，掌握低沸点、易燃液体蒸馏的操作要点。

二、实验原理及反应式

主反应：

$$CH_3CH_2OH + H_2SO_4 \rightleftharpoons CH_3CH_2OSO_2OH + H_2O$$

$$CH_3CH_2OSO_2OH + CH_3CH_2OH \xrightarrow{140℃} CH_3CH_2OCH_2CH_3 + H_2SO_4$$

副反应：

$$CH_3CH_2OSO_2OH \xrightarrow{170℃} CH_2=CH_2 + H_2SO_4$$

$$CH_3CH_2OH + H_2SO_4 \longrightarrow CH_3CHO + SO_2\uparrow + 2H_2O$$

$$CH_3CH_2OH + H_2SO_4 \longrightarrow CH_3COOH + SO_2\uparrow + 2H_2O$$

三、所用试剂

乙醇（95%）30mL，浓硫酸10mL，5%氢氧化钠适量，饱和食盐水适量，饱和氯化钙溶液适量，无水氯化钙3g。

四、实验步骤

实验装置如图3-5所示。在干燥的125mL三颈烧瓶中，加入10mL 95%乙醇。一边振动烧瓶一边慢慢地加入10mL浓硫酸。在加硫酸期间，需将蒸馏烧瓶浸在冷水浴中冷却，以防止乙醇因挥发而损失。在滴液漏斗中加入20mL 95%乙醇，漏斗脚末端和温度计的水银球必须浸入液面以下，距瓶底约0.5～1cm处。用作接收器的蒸馏烧瓶应浸入冰水浴中冷却，其支管接上橡皮管通入下水道。仪器装置必须严密不漏气。

将三颈烧瓶在石棉网上加热，使反应液温度较快的上升到140℃，开始滴加乙醇，保持反应液的温度在135~145℃之间，控制滴加速度和馏出速度大致相等。加完乙醇后，再继续加热5~10min，直到没有液滴馏出为止。

将馏出液移入分液漏斗中，依次用等体积的5%氢氧化钠溶液洗涤，5mL饱和食盐水洗涤，等体积的饱和氯化钙溶液洗涤。从分液漏斗上口把乙醚倒入干燥的小锥形瓶中，加入2~3g无水氯化钙干燥。等乙醚干燥后，将它小心转入蒸馏烧瓶中，按图3-6安装易燃液体蒸馏装置，在预热过的热水浴上（约60℃）加热蒸馏，收集33~38℃的馏分。产量7~8g。

纯乙醚为无色易挥发的液体，沸点34.5℃，d_4^{20} 0.713，折射率 n_D^{20} 1.3526。

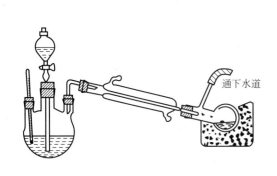

图3-5 乙醚制备装置　　　　　　图3-6 乙醚或其他低沸易燃液体蒸馏装置

五、注意事项

1. 乙醚很容易挥发且容易着火，含有一定比例的乙醚蒸气和空气的混合物遇火即发生爆炸，因此仪器装置的所有连接处必须严密。
2. 温度超过150℃时，容易生成乙烯，温度在130℃以下时，则反应甚慢。
3. 滴加乙醇的速度过快，则有部分乙醇来不及参与反应即被蒸出，而且还会使反应液的温度下降。

六、思考题

1. 在粗制乙醚中有哪些杂质？怎样把这些杂质除掉？
2. 反应温度过高或过低对反应有什么影响？
3. 为什么要用无水氯化钙作干燥剂？干燥时间过短有什么坏处？

实验十八 硝基苯的制备

一、实验目的

学习苯环硝化反应的原理和方法，掌握硝化反应装置的操作。

二、实验原理及反应式

主反应：

$$\text{C}_6\text{H}_6 + \text{HNO}_3 \xrightarrow{\text{H}_2\text{SO}_4} \text{C}_6\text{H}_5\text{NO}_2 + \text{H}_2\text{O}$$

副反应:

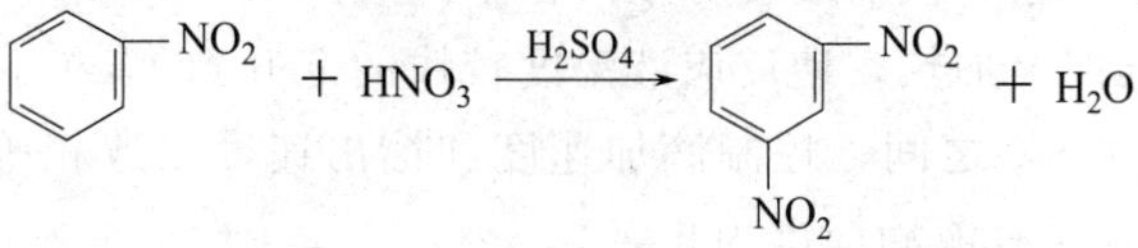

$$\underset{}{C_6H_5NO_2} + HNO_3 \xrightarrow{H_2SO_4} C_6H_4(NO_2)_2 + H_2O$$

三、所用试剂

苯 8.9mL（0.1mol），硝酸 7.3mL（0.11mol），浓硫酸 10mL（0.18mol），10%碳酸钠适量，无水氯化钙 1g。

四、实验步骤

在 50mL 广口圆底烧瓶中放入 8.9mL 苯，瓶口用双孔软木塞塞住，一孔插入 100℃温度计，温度计水银球浸入液面下，另一孔插入空气冷凝管，装置如图 3-7 所示。

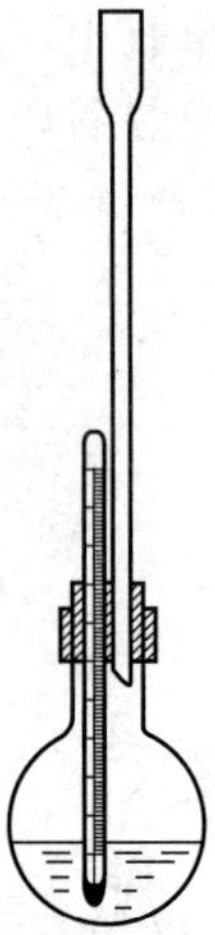

在冷凝管上口，将已冷却的混酸（7.3mL 硝酸和 10mL 硫酸的混合物）多次加入烧瓶中。每加一次，须振荡烧瓶，使苯与混酸充分接触，当反应物的温度不再上升而趋下降时，才继续加混酸。反应物的温度保持在 40～50℃之间，若温度超过 50℃，可用冷水冷却烧瓶。加完混酸后，把烧瓶放在水浴上加热到 60℃，并保持 30min，加热过程中要经常振荡烧瓶。

冷却后，将反应混合物倒入分液漏斗中。静置分层，分出酸层，倒入回收瓶。粗硝基苯先用等体积的冷水洗涤，再用 10%碳酸钠溶液洗涤，直到洗涤液不显酸性，最后用水洗至中性。分离出粗硝基苯，放在干燥的小锥形瓶中，加入 1g 无水氯化钙干燥，经常振荡锥形瓶。

图 3-7 苯的硝化反应装置

把干燥过的硝基苯倒入 30mL 蒸馏烧瓶中，连接空气冷凝管。在石棉网上加热蒸馏，收集 204～210℃的馏分。注意切勿将产物蒸干。产量约 9～10g。

纯硝基苯为无色液体，具有苦杏仁气味。沸点 210.9℃，d_4^{20} 1.203。

五、注意事项

1. 混酸配制法，在锥形瓶中放入 10mL 浓硫酸，把锥形瓶置于冷水浴中，边摇边将 7.3mL 硝酸慢慢注入浓硫酸中。
2. 苯的硝化反应为放热反应。
3. 检验反应是否完成可用吸管吸取少许上层反应液，滴到饱和食盐水中，如观察到油珠下沉，表明硝化反应完毕。
4. 硝基苯有毒，处理时须小心。

六、思考题

1. 影响硝化反应的主要因素是什么？
2. 一次就把硝酸加完，会产生什么结果？
3. 硝化温度过高，有何影响？

实验十九 苯胺的制备

一、实验目的

学习硝基苯还原为苯胺的原理和方法，进一步巩固水蒸气蒸馏和简单蒸馏的基本操作。

二、实验原理及反应式

$$4C_6H_5NO_2 + 9Fe + 4H_2O \xrightarrow{HCl} 4C_6H_5NH_2 + 3Fe_3O_4$$

三、所用试剂

硝基苯 12.3g（10.2mL），铁粉 30g，浓盐酸 2mL，乙醚 20mL，精盐适量，氢氧化钠适量，碳酸钠适量。

四、实验步骤

在 500mL 圆底烧瓶中，放入 50mL 水，30g 铁粉，2mL 浓盐酸，12.3g 硝基苯，振荡使其充分混合，装上回流冷凝管，在石棉网上用小火加热回流 1h。在回流过程中经常振荡反应物，直至反应完全。用 20mL 水冲洗回流冷凝管，洗液并入反应瓶中，在振荡下加入碳酸钠，直到溶液呈碱性为止。

将反应混合液进行水蒸气蒸馏，直至馏出液澄清为止。将馏出液移入分液漏斗中，分出粗苯胺。水层用精盐饱和后，用 20mL 乙醚分两次萃取其中的苯胺，合并粗苯胺和乙醚萃取液，用粒状氢氧化钠干燥。

将干燥过的苯胺溶液倒入干燥的蒸馏烧瓶中，在热水浴上加热蒸馏去乙醚。然后改用空气冷凝管，在石棉网上加热蒸馏。收集 180～185℃ 的馏分。产量 7～8g。

纯苯胺为无色油状液体，沸点 184.4℃，d_4^{20} 1.022，折射率 n_D^{20} 1.5863。

五、注意事项

1. 硝基苯和苯胺都有毒，实验时应小心，避免与皮肤接触或吸入其蒸气。

2. 反应物内的硝基苯、盐酸互不相溶，而这两种液体与固体的铁粉接触机会少，因此充分的振荡能促使反应顺利进行。

3. 应仔细观察反应过程中混合物颜色的变化。反应开始时，反应物由原来的灰黑色很快地转变为草绿色、土黄色，进而转变为铁锈色，然后转变为褐色，最后变为黑色。欲检验反应是否完成，可吸出反应物数滴，加入 1mol/L 盐酸中，振荡后若完全溶解表示反应已完成。

4. 苯胺在 20℃ 时，每 100mL 水可溶 3.4g，为了减少苯胺的损失，可根据盐析原理，加入精盐，使馏出液饱和，则溶于水中的苯就可成油状析出。

5. 由于氯化钙能与苯胺形成分子化合物，所以用粒状氢氧化钠或无水碳酸钠作干燥剂。

六、思考题

1. 为什么在反应过程中要充分振荡反应混合物？
2. 在进行水蒸气蒸馏前，为什么要加入碳酸钠中和反应物？
3. 若最后制得的苯胺中含有硝基苯，怎样提纯？

实验二十　乙酰苯胺的制备

一、实验目的

学习苯胺乙酰化反应的原理和进一步巩固结晶提纯的实验操作。

二、实验原理及反应式

$$C_6H_5NH_2 + CH_3COOH \longrightarrow C_6H_5NHCOCH_3 + H_2O$$

三、所用试剂

苯胺 10.2g（10mL），冰醋酸 15.7g（15mL），锌 0.1g。

四、实验步骤

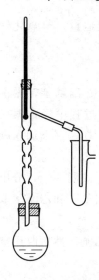

图 3-8 乙酰苯胺的制备装置

在 250mL 圆底烧瓶中，加入 10mL 新蒸馏过的苯胺，15mL 冰醋酸及少许锌粉，瓶口装上一个分馏柱，柱顶插一支 150℃温度计，用一个支管试管收集蒸出的水和乙醇。装置如图 3-8 所示。圆底烧瓶放在石棉网上用小火加热回流，控制火焰，保持温度计读数在 105℃左右。约经过 60min，反应所生成的水及少量醋酸可完全蒸出，当温度下降则表示反应已经完成，停止加热。

在不断搅拌下把反应混合物趁热倒入盛有 250mL 冷水的烧杯中，冷却后用布氏漏斗抽滤析出的固体，用冷水洗涤粗产品。将粗产品移至盛有 300mL 水的烧杯中，在石棉网上加热使粗产品溶解，稍冷即过滤，滤液冷却，乙酰苯胺结晶析出，抽滤，产品放在表面皿上晾干后测定熔点。产量约 10g。

纯乙酰苯胺是无色片状晶体，熔点 114℃。

五、注意事项

1. 久置的苯胺色深，会影响生成的乙酰苯胺的质量。
2. 若让反应混合物冷却，则固体析出粘在瓶壁上不易处理。
3. 若滤液有颜色，可加入少量活性炭，但不要将活性炭加入沸腾的溶液中，否则沸腾的溶液会溢出容器外。

六、思考题

1. 在重结晶操作中，必须注意哪几点才能使产品产率高，质量好？
2. 反应时为什么要控制冷凝管上端的温度在 105℃？

实验二十一 甲基橙的制备

一、实验目的

掌握重氮化反应和偶合制备甲基橙的实验操作，进一步巩固重结晶的原理和操作。

二、实验原理及反应式

反应：

$$NH_2-\underset{}{\bigcirc}-SO_3H \xrightarrow{NaOH} NH_2-\underset{}{\bigcirc}-SO_3Na + H_2O$$

$$NH_2-\underset{}{\bigcirc}-SO_3Na + 3HCl + NaNO_2 \xrightarrow{0\sim5℃} SO_3H-\underset{}{\bigcirc}-N_2Cl + 2H_2O + 2NaCl$$

$$SO_3H-\underset{}{\bigcirc}-N_2Cl + \underset{}{\bigcirc}-N(CH_3)_2 \xrightarrow[H^+]{5℃} SO_3H-\underset{}{\bigcirc}-N=N-\underset{}{\bigcirc}-N(CH_3)_2$$

$$\xrightarrow{HCl} {}^-O_3S-\underset{}{\bigcirc}-NH-N=\underset{}{\bigcirc}=N^+(CH_3)_2$$

$$\xrightarrow{NaOH} NaO_3S-\underset{}{\bigcirc}-N=N-\underset{}{\bigcirc}-N(CH_3)_2$$

三、所用试剂

对氨基苯磺酸（含结晶水）2.1g，1mol/L 氢氧化钠 12mL，10％亚硝酸钠溶液 8mL，6mol/L 盐酸 5mL，N,N-二甲基苯胺 1.2g（1.3mL），1mol/L 盐酸溶液 10mL，氯化钠。

四、实验步骤

1. 重氮盐的制备

在 150mL 烧杯中，放入 2.1g 对氨基苯磺酸晶体和 12mL 1mol/L 氢氧化钠溶液，把烧杯置于热水浴中温热使晶体溶解冷至室温后，加 8mL 10％亚硝酸钠溶液，在搅拌下将该混合液慢慢倒入另一个放有 5mL 6mol/L 盐酸和 10g 冰屑的烧杯中，使温度保持在 5℃ 以下，为了保证反应完全，继续在冰浴中放置 15min，很快就有对氨基苯磺酸重氮盐的细粒状白色沉淀生成，用碘化钾淀粉试纸检验溶液中是否有过量的亚硝酸。

2. 偶合

在一试管中加入 1.3mL N,N-二甲基苯胺和 10mL 1mol/L 盐酸，振荡使之混合。在搅拌下将此溶液慢慢加到上述重氮盐的冷溶液中。加完后，继续搅拌 10min，再在搅拌下慢慢地加入 1mol/L 氢氧化钠，直至产物变为橙色，粗制的甲基橙呈细粒状的沉淀析出。

将反应物加热至沸腾，使粗制的甲基橙溶解后，稍冷，置于冰浴中冷却，待甲基橙全部重新结晶析出后，抽滤收集结晶。依次用饱和氯化钠溶液和乙醇溶液洗涤产品，挤压水分。取出产品，在 50℃ 下干燥。若要得较纯的产品，可用沸水进行重结晶，则可得到橙色的小叶片状晶体。几乎达理论产量。

五、注意事项

1. 对氨基苯磺酸是一种两性有机化合物，其酸性比碱性强，能形成酸性的内盐，它能与碱作用生成盐，难与酸作用成盐，所以不溶于酸。但是重氮化反应又要在酸性溶液中完成，因此，进行重氮化反应时，首先将氨基苯磺酸与碱作用，变成水溶性较大的对氨基苯磺酸钠。

2. 重氮化反应过程中，控制温度很重要。反应温度若高于 5℃，则生成的重氮盐易水解成苯酚，降低了产率。

3. 若碘化钾淀粉试纸不显蓝色，须补加亚硝酸钠溶液，并充分搅拌。直到使碘化钾淀粉试纸呈蓝色，若亚硝酸钠已过量，可用尿素水溶液分解。

六、思考题

1. 重氮盐的制备为什么要控制在 0~5℃ 中进行？
2. 偶合反应为什么在弱酸性介质中进行？

实验二十二　邻苯二甲酸二丁酯的制备

一、实验目的

学会用醇和酸酐反应制备酯的方法，学习分水器的使用及减压蒸馏的操作。

二、实验原理及反应式

酯化反应可用酸酐与醇来进行，反应分两步，第一步反应迅速而完全，第二步为可逆反应。为使反应向生成酯的方向进行，需利用分水器将反应过程中生成的水不断地从反应体系中移去。

反应式：

$$\text{邻苯二甲酸酐} + CH_3CH_2CH_2CH_2OH \xrightarrow{H_2SO_4} \text{邻-COOC}_4H_9\text{-COOH}$$

$$\text{邻-COOC}_4H_9\text{-COOH} + CH_3CH_2CH_2CH_2OH \xrightarrow{H_2SO_4} \text{邻-COOC}_4H_9\text{-COOC}_4H_9$$

三、所用试剂

邻苯二甲酸酐 11.3g，正丁醇 1.7g（21mL），浓硫酸 0.2mL，5％碳酸钠溶液 20mL，饱和食盐水适量。

四、实验步骤

在 125mL 三颈瓶中，放入 11.3g 邻苯二甲酸酐、21mL 正丁醇和 0.2mL 浓硫酸，振动使混合均匀。瓶口分别装上温度计和分水器，分水器上端接一回流冷凝管。分水器内装满正丁醇，然后用小火加热，待邻苯二甲酸酐固体全部消失后，不久即有正丁醇-水的共沸物蒸出，且可以看到有小水珠逐渐沉到分水器底部（为了使水有效地分出，可在分水器外绕几圈橡皮管，通水冷却）。反应过程中，瓶内液温缓慢上升，当温度达 160℃时，便可停止反应，约需 2h。

将反应液冷却到 70℃以下，立即移入分液漏斗中，用 15～20mL 5％碳酸钠溶液中和，然后用温热的饱和食盐水洗涤有机层至呈中性。将洗涤后的溶液进行减压蒸馏。方法是先将溶液倒入克氏蒸馏瓶中，先在水泵减压下蒸去正丁醇，然后用油泵减压蒸馏，收集 180～190℃/1330Pa 的馏分（或 206℃/2660Pa，210℃/2857Pa），产量约 20g。

纯邻苯二甲酸二丁酯是沸点为 340℃的无色油状液体。折射率 n_D^{20} 1.4911。本实验约需 4～5h。

五、注意事项

1. 中和温度≤70℃，碱浓度不宜过高，否则易于引起皂化反应。
2. 邻苯二甲酸二丁酯在酸性条件下，超过 180℃易发生分解反应：

$$\text{邻-COOC}_4H_9\text{-COOC}_4H_9 \xrightarrow[180℃]{H^+} 2CH_2=CHCH_2CH_3 + H_2O + \text{邻苯二甲酸酐}$$

3. 正丁醇-水的共沸点为 93℃（含水 44.5％），共沸物冷凝后，在分水器中分层，上层主要是正丁醇（含水 20.1％），继续回流到反应瓶中，下层为水（含正丁醇 7.7％）。

六、思考题

1. 丁醇在硫酸存在下加热至高温时，可能有哪些反应？硫酸用量过多有什么不良影响？
2. 为什么用饱和食盐水洗涤后，不必进行干燥，即可进行蒸去正丁醇的操作？

实验二十三　苯乙酮的制备

一、实验目的

了解用傅列德尔-克拉夫茨（Friedel-Crafts）酰基化反应制芳酮的方法。学会使用干燥管以及氯化氢气体吸收方法。

二、实验原理及反应式

芳烃酰基化反应常用的酰化剂是酰氯和酸酐，酸酐的酰化能力较弱，但较便宜，本实验是用芳香烃在无水 $AlCl_3$ 催化剂存在下同酸酐作用，在苯环上发生亲电取代反应引入酰基，制得芳酮。在此实验中，苯是反应物，兼作溶剂，用量是过量的。催化剂三氯化铝能与产物生成稳定的络合物，故也是过量的。

反应式：

$$(CH_3CO)_2O + C_6H_6 \xrightarrow{AlCl_3} C_6H_5COCH_3 + CH_3COOH$$

$$C_6H_5COCH_3 + AlCl_3 \longrightarrow C_6H_5\underset{CH_3}{\overset{}{C}}=O : AlCl_3$$

三、所用试剂

无水三氯化铝 20g，无水苯 40mL，乙酸酐 6.5g，浓盐酸 50mL，5％氢氧化钠溶液适量，无水硫酸镁 2g。

四、实验步骤

在 250mL 三颈烧瓶中，分别装置搅拌器、滴液漏斗及冷凝管。在冷凝管上端装一氯化钙干燥管，后者再接一氯化氢气体吸收装置。

迅速称取 20g 经研碎的无水三氯化铝，放入三颈瓶中，再加入 30mL 无水苯，在搅拌下滴入 6mL 醋酸酐（约 6.5g）及 10mL 无水苯的混合液，约 20min 加完。加完后，在水浴上加热半小时，至无氯化氢气体逸出为止。然后将三颈瓶浸入冷水浴中，搅拌下慢慢滴入 50mL 浓盐酸与 50mL 冰水的混合液。当瓶内固体物完全溶解后，分出苯层。水层每次用 15mL 苯萃取两次。合并苯层，依次用 5％氢氧化钠溶液、水各 20mL 洗涤，苯层用 2g 无水硫酸镁干燥。

将干燥后的粗产物先在水浴上蒸出苯。再在石棉网上加热，蒸去残留的苯，当温度升至 140℃ 左右时，停止加热，稍冷换用空气冷凝管。收集 192～202℃ 的馏分。产量约 4～5g。

纯苯乙酮为无色油状液体，沸点为 202℃，折射率 n_D^{20} 1.53718。本实验约需 6～8h。

五、注意事项

1. 实验仪器必须充分干燥，否则影响反应顺利进行。装置中凡和空气相接的地方，应用干燥管。

2. 无水三氯化铝的质量是实验成败的关键之一。研细、称量、投料都要迅速，避免长时间暴露在空气中。可在带塞的瓶中称量。本实验使用的无水三氯化铝应该是呈小颗粒或粗粉状，露于湿空气中立刻冒烟，滴少许水于其上则嘶嘶作响。

3. 化学纯苯经无水氯化钙干燥过夜后才能使用。乙酸酐必须临用前重新蒸馏，取 137～

140℃馏分使用。

六、思考题

1. 水和潮气对本实验有何影响？在仪器装置和操作中应注意哪些事项？
2. 反应完成后为什么要加入浓盐酸和冰水的混合液？
3. 指出如何由 Friedel-Crafts 反应制备下列化合物？

附：本实验也可用减压蒸馏。苯乙酮的沸点和压力关系如下：

压力/Pa	532	665	798	931	1197	1330	3325
沸点/℃	60	64	68	71	73	76	78
压力/Pa	3990	5320	6650	7980	13300	20000	26600
沸点/℃	102	110	115.5	120	134	146	155

实验二十四　苯乙醚的制备

一、实验目的

了解用威廉逊（Williamson）法制醚的原理。掌握安装回流、搅拌等操作。

二、实验原理及反应式

苯乙醚属于混醚，由酚钠与卤乙烷反应制得，反应历程为亲核取代反应。由于酚是比水更强的酸，所以酚钠与醇钠的制法有所不同。酚钠可以用酚与氢氧化钠制备。

反应式

$$C_6H_5OH + CH_3CH_2Br \xrightarrow{NaOH} C_6H_5OCH_2CH_3 + HBr$$

三、所用试剂

苯酚 7.5g，氢氧化钠 5g，溴乙烷 8.5mL，乙醚 15mL，无水氯化钙 1g，饱和食盐水适量。

四、实验步骤

在 100mL 三口瓶中，装上搅拌器，回流冷凝管和滴液漏斗，加入 7.5g 苯酚，5g 氢氧化钠和 4mL 水，开动搅拌，用水浴加热使固体全部溶解，调节水浴温度在 80~90℃之间。开始慢慢滴加 8.5mL 溴乙烷，约 1h 可滴加完毕。继续保温搅拌 2h 然后降至室温。加 10~20mL 水，使固体全部溶解。把液体转入分液漏斗中，分出水相。有机相用等体积饱和食盐水洗两次（若出现乳化现象时，可减压过滤），分出有机相，合并两次洗涤液。用 15mL 乙醚提取一次，提取液与有机相合并，用 1g 无水氯化钙干燥。水浴蒸出乙醚，再减压蒸馏，收集产品。若用常压蒸馏，收集 171~183℃馏分。产品为无色透明液体，约 5~6g。本实验约 4~5h。

五、注意事项

苯酚对皮肤有腐蚀性。乙醚是一种易燃液体，使用时必须小心。

六、思考题

1. 在反应过程中，瓶中会出现固体，这些固体是什么？回流的液体又是什么？为什么保温到后期回流不太明显？

2. 制备乙基叔丁基醚,能否用叔丁基氯和乙醇钠?为什么?

附:苯乙醚压力与沸点的关系

沸点/℃	133	665	1330	2660	5320	7980	13300	26600	53200	101000
压力/Pa	18.1	43.7	56.4	70.3	86.6	95.4	108.4	127.9	149.8	172

实验二十五　甲烷和烷烃的性质

一、实验目的

学习甲烷的实验室制法,验证烷烃的性质。

二、实验原理及反应式

甲烷在实验室中的制备,可通过用醋酸钠与碱石灰作用而得,其反应为:

$$CH_3COONa + NaOH \xrightarrow{\triangle} CH_4\uparrow + Na_2CO_3$$

这反应常有副产物乙烯产生。

此外,甲烷还可由冰醋酸脱羧而得:

$$CH_3COOH \xrightarrow[Cu]{\triangle} CH_4\uparrow + CO_2$$

三、所用试剂

无水醋酸钠 4g,碱石灰 2g,氢氧化钠 2g,0.1% $KMnO_4$,5% Na_2CO_3,浓硫酸,石油醚,液体石蜡,石灰水,1%四氯化碳溶液。

四、实验步骤

(一)醋酸钠和碱石灰法制备甲烷

按图3-9所示连接好反应装置,其中反应器用干燥的硬质试管(ϕ25mm×100mm),注意该试管要斜置,使管口稍低于管底。

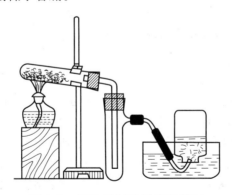

图3-9　实验室制取甲烷的装置

将4g无水醋酸钠、2g碱石灰和2g粒状氢氧化钠放在研钵中,研细并充分混合,装入试管中,从底部向外铺,并在具支试管中放入少量浓硫酸。

检查好整套装置的气密性后,可开始加热。先用小火徐徐均匀地加热整支试管,再用较大的火焰在靠近试管口的反应物处加热,使该处的反应物反应后,逐渐将火焰往试管底部移动。

估计空气排尽后,用排水集气法收集三支试管($\phi 10mm \times 80mm$)的甲烷,用软木塞塞紧,作下列性质试验。

(二) 甲烷及烷烃的性质

1. 可燃性

如图3-10所示,采用安全点火法,在漏斗中连接尖嘴玻璃管,当估计漏斗的空气排尽后,在尖嘴上点火,观察甲烷的燃烧情况及火焰的颜色。在火焰的上方罩一个冷而干燥的烧杯,观察烧杯壁出现的现象。

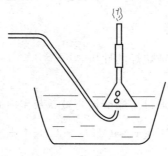

图3-10 安全点火法

2. 稳定性

在试管中加入0.1% $KMnO_4$ 溶液和5% Na_2CO_3 溶液各1mL,通入甲烷半分钟,观察现象。在试管中加入饱和溴水1mL及蒸馏水2mL,通入甲烷半分钟,观察现象。

取一支试管加1mL液体石蜡,1mL 0.1% $KMnO_4$ 溶液,1mL 5% Na_2CO_3 溶液,摇动试管,观察颜色有无变化。

3. 取代反应

取上述收集的甲烷试管两支,各加入1%溴的四氯化碳溶液0.5mL,用软木塞塞紧,其中一支用黑布包好,振荡后,放在实验室黑暗处(如桌子内),另一支则放在阳光(或日光灯)下,光照15~20min,观察现象。

取试管两支,各加入石油醚1mL,再各加入1%溴的四氯化碳溶液0.5mL,一支包以黑布放在实验黑暗处,另一支放在阳光(或日光灯)下,15min后观察现象。

用液体石蜡做上述试验。

五、注意事项

1. 无水醋酸钠很易吸潮,为了保证实验顺利进行,市售的纯品在实验前应在烘箱(105℃)烘干。若无无水醋酸钠,可用下列方法制取,将醋酸钠晶体($CH_3COONa \cdot H_2O$)放在蒸发皿内,用玻璃棒不断搅拌下加热。醋酸钠先溶解于自己的结晶水中(58℃),随着温度升高,水分蒸发,形成白色固状物(120℃左右)。继续加热至固体熔融为止,立即把熔融物倒在研钵中,在搅拌下稍冷却,趁热研细并贮存于密闭容器内。加工后的无水醋酸钠,表面常呈灰色,这是醋酸钠局部炭化的缘故,对制备甲烷无妨碍。在加工操作过程中要小心,不断搅拌以减少熔体外溅,更要防止溅入眼内。

2. 碱石灰又叫苏打石灰,是由氢氧化钠和生石灰(CaO)共热而得,使用前应烘干。用碱石灰比用氢氧化钠好的原因在于:

(1) 生石灰可吸收氢氧化钠所吸附的水分,避免由于水分的存在而影响甲烷的生成;

(2) 避免氢氧化钠在加热反应过程中对试管的腐蚀;

(3) 生石灰的存在可使反应混合物更易混匀和疏松，利于甲烷的逸出。

3. 反应混合物中适当添加氢氧化钠可加快反应速度。

4. 制备甲烷过程中，过分的强热易发生以下副反应：

$$2CH_3COONa \longrightarrow CH_3COCH_3 + Na_2CO_3$$

$$2CH_4 \longrightarrow CH_2=CH_2 + 2H_2$$

乙烯等杂质能使高锰酸钾和溴水褪色，因此，制得的甲烷通过碱液或浓硫酸以除去杂质。如果用醋酸钾代替醋酸钠，则反应易于发生，又几乎无副反应，但价格较贵。

5. 纯甲烷的火焰呈淡蓝色，若混有丙酮蒸气，火焰便带有黄色。制得的甲烷可经水或碱洗使丙酮溶解于其中而除去。

6. 由于点燃1：10甲烷和空气混合气体时，会发生爆炸，所以，做甲烷可燃性试验时甲烷必须是纯的，故要在收集三试管甲烷之后才进行。

7. 实验完毕，应先将导气管移出水面，才能停止加热，以免水倒流而使试管破裂。

8. 石油醚是一种轻质石油产物，由石油分馏而得，它不是醚类，而是低分子量烷烃（主要是戊烷和己烷）的混合物，主要用作溶剂。

9. 石油醚中常含有少量不饱和烃，故用石油醚作烷烃试验时，必须先除去不饱和烃。方法是用浓硫酸洗涤，直至除净不饱和烃为止（用 $KMnO_4$ 溶液检查），然后用水洗涤两次，所得石油醚放入干燥的三角烧瓶中，加入无水氯化钙，塞上软木塞振摇。澄清的石油醚用滤纸及干漏斗滤入蒸馏烧瓶中，热浴蒸馏，收集60~120℃馏分，便可供试验用。

10. 液体石蜡为一混合烷烃，沸点为300℃以上。

六、思考题

1. 实验室中顺利制备甲烷的关键是什么？

2. 甲烷或其他烷烃同高锰酸钾溶液、溴水有无反应？在光照下能否与溴或氯起反应？如何解释？

3. 安全点火法有何好处？

实验二十六 不饱和烃的制备和性质

一、实验目的

学习乙烯和乙炔的制备方法，验证不饱和烃的性质。

二、实验原理

在本实验中，乙烯是由乙醇脱水而得：

$$CH_3CH_2OH \xrightarrow[170℃]{H_2SO_4} CH_2=CH_2\uparrow + H_2O$$

乙炔由碳化钙（电石）与水反应而得：

$$CaC_2 + 2H_2O \longrightarrow CH\equiv CH\uparrow + Ca(OH)_2$$

三、所用试剂

95%乙醇，浓硫酸，10%氢氧化钠，1%溴的四氯化碳溶液，0.1%高锰酸钾溶液，5% Na_2CO_3 溶液，10%硫酸，20%硫酸，碳化钙，饱和食盐水，饱和 $CuSO_4$ 溶液，2%硝酸银溶液，2％氨水，氯化亚铜氨溶液，氧化汞，Schiff 试剂。

四、实验步骤

(一) 乙烯的制备

在 125mL 蒸馏烧瓶中加入 95％乙醇 4mL，慢慢加入浓硫酸 12mL，边加边摇，再加入 4g 河沙。然后，按图 3-11 所示装好整套实验装置。充当洗气瓶用的试管中，装有 10％ NaOH。确认整个装置不漏气后，迅速加热，使温度升至 160℃，然后调节火力，使温度保持在 160～180℃，保持乙烯气流均匀地发生。估计装置内空气排尽后，可作下列性质试验。

(二) 乙烯的性质试验

1. 加成反应

取一支试管，加 1％溴的四氯化碳溶液 2mL，通入乙烯于溶液中，观察并解释所产生的现象。

2. 与高锰酸钾反应

取两支试管，各加入 0.1％ $KMnO_4$ 溶液 2mL，再分别加入 5％ Na_2CO_3 溶液 1mL 和 10％硫酸 1mL，然后通入乙烯，观察并解释现象。

3. 可燃性

用安全点火法做燃烧试验，注意观察燃烧情况，火焰的亮度和颜色，有否浓烟等现象，并与甲烷的情况作比较。

4. 用汽油或煤油 1mL，按 1、2 项所示方法进行试验，并与乙烯的试验结果比较。

(三) 乙炔的制备

在 250mL 干燥的蒸馏瓶中，铺一层干净的河砂于瓶底，再沿瓶壁小心放入小块状碳化钙（电石）10g，瓶口装上一个恒压漏斗，蒸馏烧瓶的支管连接盛有饱和硫酸铜溶液的洗气瓶。装置图见图 3-12。

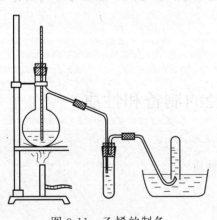

图 3-11　乙烯的制备

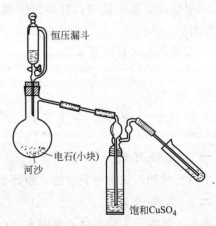

图 3-12　乙炔的制备

在恒压漏斗中装入饱和食盐水 25mL，小心地旋开活塞，使食盐水慢慢地滴入蒸馏烧瓶中，即有乙炔生成，注意控制乙炔生成的速度。

(四) 乙炔性质试验

1. 加成反应〔方法同（二）1〕
2. 与高锰酸钾反应〔方法同（二）2〕
3. 乙炔银的生成

取 2％ AgNO₃ 溶液 3mL 放入试管中，加入 10％ NaOH 溶液 1 滴，再滴加 2％ 氨水，边加边摇，至沉淀完全溶解，即得澄清的硝酸银氨溶液。将乙炔通入该溶液中，观察现象。

4. 乙炔铜的生成

将乙炔通入氯化亚铜氨溶液中，观察现象，并与 3 的结果相比较。

5. 乙炔水化反应

装置如图 3-13 所示。

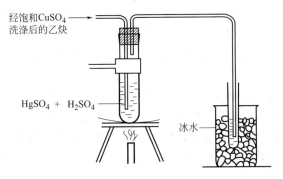

图 3-13　乙炔的制备

实验步骤：将盛有 5mL 硫酸汞（2g 氧化汞与 10mL 20％硫酸反应而得）的试管固定在石棉网上，用小火加热，当温度升至约 80℃时，通入经饱和 $CuSO_4$ 洗涤过的乙炔。在硫酸汞的催化下，乙炔与水反应生成乙醛。乙醛受热蒸出，进入盛有 3mL 水的试管中。水内预先滴入 2 滴 Schiff 试剂，试管外冰水冷却。乙醛溶于水中，溶液便呈桃红色，表明有乙醛生成，此时可停止通入乙炔。

6. 燃烧试验

用安全点火法进行乙炔的燃烧试验，观察现象，并与甲烷、乙烯的燃烧情况作比较，说明原因。

五、注意事项

1. 乙醇与浓硫酸作用，首先生成硫酸氢乙酯：

$$CH_3CH_2OH + H_2SO_4 \longrightarrow CH_3CH_2OSO_2OH + H_2O$$

反应放热，边加边摇可防止乙醇的炭化。

2. 河砂应先用稀盐酸洗涤，除去石灰等杂质，以免硫酸钙生成影响反应。酸洗毕用水洗，干燥后备用。河砂的作用是：①作催化剂，使硫酸氢乙酯易分解为乙烯；②减少泡沫生成，防止暴沸，使反应顺利进行。

3. 浓硫酸是脱水剂，又具有氧化性，在此反应条件下，能使部分乙醇氧化成一氧化碳、二氧化碳和炭等，故使瓶内混合物变黑，硫酸本身被还原成二氧化硫，反应式：

$$C_2H_5OH + H_2SO_4 \longrightarrow CO_2\uparrow + SO_2\uparrow + H_2O$$

$$C_2H_5OH + H_2SO_4 \longrightarrow C + SO_2\uparrow + H_2O$$

二氧化硫是还原剂，能使 $KMnO_4$ 溶液与溴液褪色。这些气体随乙烯一起出来时，通过氢氧化钠溶液，便可除去二氧化硫与二氧化碳等。乙烯中虽混有一氧化碳，但它在常温下与溴和 $KMnO_4$ 都不起作用，故不影响实验结果。

4. 硫酸氢乙酯与乙醇在 170℃分解成乙烯，但在 140℃时则生成乙醚，故需迅速加热升温至 160℃以上，减少副产物乙醚的生成。但随后加热不宜过剧，否则，会有大量泡沫生成，影响反应进行。

5. 烯烃和冷、稀的 $KMnO_4$ 中性或弱碱性溶液反应，首先生成二元醇：
$$CH_2=CH_2+KMnO_4+H_2O \longrightarrow CH_2OHCH_2OH+MnO_2+KOH$$
如温度高，高锰酸钾用量多，则继续氧化，最后使双键断裂。

在酸性溶液中，氧化反应进行得很快，得到的是碳链断裂的产物，而高锰酸钾则被还原成 Mn^{2+}：
$$CH_2=CH_2+KMnO_4+H_2SO_4 \longrightarrow K_2SO_4+MnSO_4+CO_2\uparrow+H_2O$$

6. 通常的汽油、煤油中含有少量不饱和烃，若是石油裂化得到的产品，不饱和烃含量则更多，可作为烯烃性质试验用品。但有色的汽油或煤油须蒸馏后得到无色的汽油和煤油，才能使用。

7. 工业用碳化钙中常含有硫化钙、磷化钙、砷化钙等杂质，与水作用，产生硫化氢、磷化氢、砷化氢等剧毒气体，夹杂在乙炔中，使乙炔具有恶臭。H_2S 能与 $AgNO_3$ 作用生成硫化银沉淀，又能与氯化亚铜生成硫化亚铜，影响实验结果，故需用饱和 $CuSO_4$ 把这些杂质除去。

8. 用饱和食盐水而不直接用水，是为了使反应较平稳地进行。若直接用水，反应非常激烈。

9. 使用恒压漏斗，可使反应器和漏斗的压力保持平衡，当瓶内产生大量气体时，盐水仍可顺利加入。

10. 活塞不宜开得太大，以免乙炔气体过多冲开塞子。

11. 硝酸银氨水溶液，即 Tollen 试剂，贮存日久会析出爆炸性黑色沉淀物，应当使用时才配制。

12. 乙炔银与乙炔亚铜沉淀在干燥状态时，均有高度爆炸性，故实验完毕后，应滤去沉淀，把沉淀连同滤纸投入稀硝酸或稀盐酸中，微热使之分解，才能倒入指定缸中。

13. 乙炔水化反应式为：
$$CH\equiv CH + H_2O \xrightarrow{HgSO_4+H_2SO_4} CH_3CHO$$
乙醛遇 Schiff 试剂呈桃红色。

六、思考题

1. 制备乙烯要注意哪些问题？
2. 乙烯、乙炔燃烧时火焰的亮度和烟的多少与甲烷燃烧时有何不同？为什么？
3. 如何鉴别甲烷、乙烯和乙炔？乙烷中混有乙烯，如何分离？
4. 实验完毕如何处理乙炔银和乙炔亚铜？为什么？

实验二十七 醇和酚的性质

一、实验目的

进一步认识醇类的一般性质，并比较醇和酚之间化学性质上的差异，认识羟基和烃基之间的相互影响。

二、实验原理及反应式

醇和酚都是烃的含羟基衍生物，由于羟基所连的基团不同，醇中的羟基与烷基相连，酚中羟基与芳环相连，因而使它们具有不同的化学性质。

三、所用试剂

甲醇、无水乙醇、正丁醇、辛醇、金属钠、酚酞指示剂、卢卡斯试剂、仲丁醇、叔丁醇、0.5%高锰酸钾溶液、5%碳酸钠溶液、5%硫酸铜溶液、5%氢氧化钠溶液、10%乙二醇、10% 1,3-丙二醇、10%甘油、浓盐酸、浓硫酸、浓硝酸、苯酚、15%稀硫酸、饱和溴水、5%碘化钾溶液、苯、1%三氯化铁溶液。

四、实验步骤

(一) 醇的性质

1. 比较醇的同系物在水中的溶解度。在四支试管中各加入 2mL 水，然后分别滴加甲醇、乙醇、丁醇、辛醇各 10 滴，振摇并观察溶解情况，如已溶解则再加 10 滴样品，观察之，从而可得出什么结论？

2. 醇钠的生成及水解

取两支干燥试管，在其中一支试管中加入 1mL 无水乙醇，在另一支中加入 1mL 正丁醇，然后分别向两支试管中投入一粒绿豆大小的金属钠，观察现象。待气体平稳放出时，检验所放出的气体。待金属钠完全消失后（若放出气体差不多停止而钠又没有完全溶解，可用镊子将钠取出放在乙醇中销毁）向试管中加入 2mL 水，滴入酚酞指示剂，观察现象并解释。

3. 卢卡斯（Lucas）试验

在三支干燥的试管中，分别加入 0.5mL 正丁醇、仲丁醇和叔丁醇，再各加入 2mL Lucas 试剂，立即用塞子将管口塞住，充分振摇后静置，温度最好保持在 26~27℃，观察变化，记录混合物变浑浊和出现分层的时间。

4. 醇的氧化

取三支试管，分别加入 1mL 正丁醇、仲丁醇、叔丁醇，然后滴加 0.5%高锰酸钾溶液和 5%碳酸钠溶液各 5 滴，充分振摇后将试管置于水浴中微热，观察溶液颜色的变化。

5. 多元醇与氢氧化铜的作用

取四支试管，分别加入 3 滴 5% $CuSO_4$ 溶液和 6 滴 5% NaOH 溶液，配制出新鲜的氢氧化铜。然后，在每支试管里分别加入 5 滴 10%乙二醇，10% 1,3-丙二醇，10%甘油，10%甘露醇水溶液，摇动试管并观察现象。最后，向每支试管滴加 1 滴浓盐酸，观察并解释现象。

(二) 酚的性质

1. 酚的酸性

在试管中加入苯酚的饱和水溶液 6mL，用玻棒沾取一滴于广泛 pH 试纸上试验其酸性。将上述苯酚水溶液一分为二，一份做空白对照，于另一份中逐渐滴加 5%氢氧化钠溶液，直至溶液呈清亮为止，解释此现象。将制得的清亮溶液用 15%稀硫酸酸化，观察并解释现象。

2. 苯酚与饱和溴水的反应

在一支试管中加入苯酚饱和水溶液 2 滴，再加入 2 滴饱和溴水，振荡试管，观察有何变化。再继续边振摇边逐滴加入饱和溴水，至白色沉淀变为淡黄色沉淀为止。将混合物用小火煮沸 1~2min，以除去过量的溴。冷却后，加入 5 滴 5%碘化钾溶液和 1mL 苯，用力振摇，观察现象。

3. 苯酚的硝化

取 0.5g 苯酚晶体置试管中，加入浓硫酸 1mL，摇匀，在沸水浴中加热并振摇 5min。冷却后加水 3mL，小心地逐滴加入 2mL 浓硝酸，振摇均匀，置沸水浴中加热至溶液呈黄色。冷却后，观察有无黄色结晶析出，写出反应式。

4. 苯酚的氧化

在试管中加入 5 滴苯酚饱和水溶液，再加 5 滴 5％碳酸钠和 2 滴 0.5％高锰酸钾溶液，振摇试管，观察现象。

5. 苯酚与 $FeCl_3$ 作用

在试管中加入 5 滴苯酚饱和水溶液，再加入 3 滴 1％三氯化铁溶液，观察颜色变化。

五、注意事项

1. 醇钠生成实验，应在绝对无水条件下进行，若反应停止后溶液中仍有残余的钠，应先用镊子将钠取出并放入乙醇中销毁，然后才加水。否则，金属钠遇水，反应剧烈，不但影响实验结果，而且不安全。

2. 卢卡斯试验又叫盐酸氯化锌试验，盐酸中的氯离子是一个亲核性很弱的试剂，氯化锌（强的路易斯酸）的作用是增加介质的酸度，使反应速率增快。此法只适于鉴定含 3~6 个碳的伯、仲、叔醇，因含 3~6 个碳的各种醇均溶于卢卡斯试剂，反应后能生成不溶于试剂的氯代烷，使反应液呈浑浊状，放置后有分层出现，反应前后有显著变化便于观察。而含 6 个碳以上的醇不溶于卢卡斯试剂，含 1~2 个碳的醇反应后所得的氯代烷是气体，故都不适用。

3. 苯酚与溴水作用，生成微溶于水的 2,4,6-三溴苯酚白色沉淀。

$$\text{C}_6\text{H}_5\text{OH} + 3Br_2 \longrightarrow \text{2,4,6-Br}_3\text{C}_6\text{H}_2\text{OH} + 3HBr$$

滴加过量的溴水，则生成淡黄色难溶于水的四溴化物：

$$\text{2,4,6-Br}_3\text{C}_6\text{H}_2\text{OH} + Br_2 \longrightarrow \text{2,4,6-Br}_3\text{C}_6\text{H}_2\text{OBr}$$

该四溴化物易溶于苯，它能氧化碘酸，本身则又被还原成三溴苯酚：

$$KI + HBr \longrightarrow KBr + HI$$

$$\text{2,4,6-Br}_3\text{C}_6\text{H}_2\text{OBr} + 2HI \longrightarrow \text{2,4,6-Br}_3\text{C}_6\text{H}_2\text{OH} + HBr + I_2$$

4. 由于苯酚羟基的邻对位氢易被浓硝酸氧化，故在硝化前先进行磺化，利用磺酸基将邻对位保护起来，然后用—NO_2 置换—SO_3H。故苯酚硝化实验顺利完成的关键是磺化这一步要较完全。加浓硝酸前溶液必须先充分冷却，否则，溶液会有冲出的危险。

5. 酚类或含酚羟基的化合物，大多数能与 $FeCl_3$ 溶液发生各种特有的颜色反应，产生颜色的原因主要是由于生成了电解度很大的酚铁盐。

$$FeCl_3 + 6C_6H_5OH \longrightarrow [Fe(OC_6H_5)_6]^{3-} + 6H^+ + 3Cl^-$$

六、思考题

1. 醇钠反应实验中，如果不是在绝对无水条件下进行，那么，用酚酞检验这一步操作是否有实际意义？为什么？
2. 伯、仲、叔醇亲核取代的活性顺序怎样？试用反应历程加以解释。
3. 伯、仲、叔醇氧化难易顺序如何？解释之。
4. 如何鉴别醇和酚？

实验二十八　醛和酮的性质

一、实验目的

加深对醛、酮化学性质的认识，掌握鉴别醛、酮的化学方法。

二、实验原理

醛、酮统称为羰基化合物。羰基的影响，使醛和酮都能发生亲核加成以及 α-氢的卤代反应。但由于结构上的差异，它们在反应中表现出不同的特点，与2,4-二硝基苯肼的加成，羰基化合物都有此反应；而与亚硫酸氢钠的加成，则由于空间位阻的影响，只有醛、脂肪族甲基酮及碳原子数小于八的环酮才有此反应，只有醛才能与 Schiff 试剂发生加成反应。而 α-氢的反应则只适用于有 α-氢的醛和酮。醛较易被氧化成酸，而酮则只有在强氧化剂的作用下才会被氧化分解。

三、所用试剂

甲醛、乙醛、正丁醛、苯甲醛、丙酮、3-戊酮、环己酮、二苯酮、乙醇、异丙醇、苯甲醇、饱和亚硫酸氢钠溶液、2,4-二硝基苯肼、碘-碘化钾溶液、Schiff 试剂、Tollens 试剂、铬酸试剂、浓硫酸。

四、实验步骤

（一）醛、酮亲核加成反应

1. 与亚硫酸氢钠的加成

取六支干燥的试管，编好号，按顺序分别在试管中加入 0.5mL 乙醛、丙酮、3-戊酮、环己酮、苯甲醛、正丁醛，然后各加入 1mL 新配制的饱和亚硫酸氢钠溶液，边加边剧烈振摇试管，注意观察有无沉淀析出。摇匀后可置冰水中冷却。比较各样品析出沉淀的速度，写出反应式。

2. 与2,4-二硝基苯肼的加成

在八支试管中，各加入2,4-二硝基苯肼 1mL，然后分别滴加 2 滴以下样品：甲醛、乙醛、丙酮、3-戊酮、环己酮、苯甲醛、苯甲醇、二苯酮，摇匀后静置，观察有无结晶析出，并留意结晶的颜色。丙酮管产生结晶后，继续滴加丙酮，边加边摇，沉淀会否溶解？为什么？

（二）醛、酮 α-H 的反应——碘仿试验

取六支试管，分别加入 3 滴甲醛、乙醛、丙酮、乙醇、异丙醇、正丁醇，然后再分别逐滴加入碘-碘化钾溶液，边滴边摇，直至反应液能保持淡黄色为止，继续轻摇，观察试管内颜色的变化及有无沉淀出现，是否能嗅到一股特殊的碘仿气味？若未生成沉淀，则将反应液微热至 60℃ 左右，静置观察。若溶液的浅黄色已褪完但又无沉淀析出，则追加几滴碘-碘化钾溶液并微热，静置观察。分别写出各管反应液的反应式。

(三) 区别醛和酮的化学反应

1. 与 Schiff 试剂反应

在五支分别装有 1~2mL Schiff 试剂的试管中，分别加入甲醛、乙醛、丙酮、3-戊酮及一种未知物 1~2 滴（或 10~20mg，样品不溶于水者则先溶于无水乙醇中），摇匀，静置数分钟，观察颜色变化（与配制 Schiff 试剂用的品红溶液的颜色作对比）。然后各滴加 4 滴浓硫酸，观察现象。

2. 与 Tollens 试剂反应

在五支装有 1.5mL Tollens 试剂的试管中，分别加入 3 滴甲醛、乙醛、丙酮、3-戊酮，一种未知物，摇匀。观察每支试管中的变化。若无变化，可放在约 40℃ 的温水浴中微热几分钟，观察现象。剩余的试剂和反应混合物，实验完毕立即倒尽，加入硝酸，煮沸并洗涤干净。

3. 铬酸试验

在盛有 1mL 丙酮的试管中，加入样品 1~2 滴或约 10mL，不断摇动，加入铬酸试剂 1~2 滴，试剂的橙黄色消失并析出蓝绿色沉淀（或浑浊）表示阳性反应。留意各样品变化所需时间。样品：醛、酮、一级醇、二级醇、三级醇各选一个代表物。

五、注意事项

1. 醛、酮与亚硫酸氢钠的反应是一可逆反应，用过量的亚硫酸氢钠使平衡向右移动，使加成物成晶体析出。加成物 α-羟基磺酸钠易溶于水，在饱和亚硫酸氢钠溶液和乙醇中难溶，在醚中完全不溶。如冷却后还没有晶体析出，可用玻璃棒摩擦试管壁。

2. α-羟基磺酸钠遇稀酸或稀碱即可分解而得到原来的醛或酮。对于某些醛和酮来说，与亚硫酸氢钠的加成反应比较易生成沉淀，在酸或碱的作用下，分解成原来的醛或酮，因而，这一反应常被用来分离、提纯某些醛或酮。

3. 共轭醛酮与 2,4-二硝基苯肼生成的沉淀多为橘红色或红色，非共轭酮则生成黄色沉淀。由于某些醇如苄醇、烯丙醇等，在此条件下很易被氧化成相应的醛或酮，因此，这类醇也能与 2,4-二硝基苯肼发生反应。

4. 除乙醛和甲基酮外，有些醇，如乙醇、异丙醇等，能被次碘酸钠氧化成乙醛和甲基酮，因此这类醇也有碘仿反应。

5. 碱类或呈碱性反应的样品不宜与 Schiff 试剂作用，否则均将使试剂失去二氧化硫（或亚硫酸）而再出现品红的颜色，引起判断错误。受热也会如此，因此实验时不要加热。

6. Schiff 试剂与醛作用生成另一种紫红色化合物，并非恢复品红原来的颜色。但是，反应生成物与试剂中过量的 SO_2 作用，醛能成为亚硫酸加成物而脱下，则染料又变回 Schiff 试剂，所以，反应液静置后会逐渐褪色。加入大量无机酸，能使醛类与 Schiff 试剂反应物分解而褪色，只有甲醛的反应物仍不褪色。

7. 与 Tollens 试剂反应中，切勿在灯焰上直接加热，也不宜加热过久，因试剂受热会生成易爆炸的硝酸银。Tollens 试剂只能新配，不可久置，放久将会析出爆炸性的 Ag_2O_3 和硝酸银。

8. 用作 Tollens 试验的试管应充分洗净，最好是依次用温热浓硝酸、水、蒸馏水洗净，或依次用温热浓硫酸、10% NaOH、水、蒸馏水洗净。若试管不够洁净，则阳性反应时也不能生成银镜，出现黑色絮状沉淀。

9. 铬酸试剂配制法：加 25g CrO_3 于 25mL 浓硫酸中，搅拌至成均匀糊状物为止。在搅拌下，小心将此糊状物注入 75mL 蒸馏水中即可（应为透明橙色溶液）。

一级醇，二级醇和脂肪醛遇铬酸试剂，5s内明显反应，30s内显沉淀，三级醇和酮在相同条件下，几分钟内都无明显变化。这是一种准确且迅速区别醛和酮的方法。可用丙酮作空白试验。

六、思考题

1. 在与亚硫酸氢钠的反应中，为什么亚硫酸氢钠要是饱和溶液？为什么要新配制？
2. 醛、酮的卤仿反应中，为什么不选用氯和溴而选用碘？配制试剂时，为什么要加入碘化钾？
3. 在区别醛、酮的试验中，使用市售丙酮，若其中含有少量乙醛杂质，应如何弃除之？根据何在？
4. 做Tollens试验时，安全方面应注意哪些问题？

实验二十九　羧酸及其衍生物的性质

一、实验目的

验证羧酸及其衍生物的性质；了解肥皂的制备原理及其肥皂的性质。

二、所用试剂

甲酸，冰醋酸，草酸，苯甲酸，无水乙醇，95%乙醇，乙酰氯，醋酸酐，苯甲酰氯，乙酰胺，40%及10%氢氧化钠溶液，10%盐酸，10% $CaCl_2$ 溶液，6mol/L氨水，3mol/L硫酸，0.5% $KMnO_4$ 溶液，2%硝酸银溶液，饱和NaCl溶液，3%溴的四氯化碳溶液，浓硫酸，熟猪油，植物油，氯化钠。

三、实验步骤

(一) 羧酸的性质

1. 酸性的试验

取三支试管，分别加入甲酸，冰醋酸各10滴及0.5g草酸，再各加入2mL蒸馏水。然后分别用干净的玻璃棒沾取相应的酸液在同一条刚果红试纸上画线，比较各线的颜色及深浅程度。

2. 成盐反应

(1) 取0.2g苯甲酸放入装有1mL水的试管中，加入10%氢氧化钠溶液数滴，振摇并观察现象，接着再加数滴10%盐酸，振摇并观察。

(2) 取几粒草酸溶于0.5mL水中，用6mol/L氨水1~2滴中和后加入10% $CaCl_2$ 溶液1滴，观察现象并解释。

3. 加热分解反应

将甲酸和冰醋酸各1mL及草酸1g，分别放入三支试管中，装上塞子和导管，导管的末端分别伸入三支各自盛有1~2mL石灰水的试管中（导管要插入石灰水中）。加热样品，当有连续气泡产生时观察现象。

4. 氧化作用

在三支试管中分别放置0.5mL甲酸、乙酸以及0.2g草酸，然后分别加入3mol/L硫酸1mL和0.5% $KMnO_4$ 溶液1mL，加热至沸，观察现象。

5. 成酯反应

在一干燥的小试管中加入 1mL 无水乙醇和 1mL 冰醋酸，再加入 0.2mL 浓硫酸，摇匀后在 60~70℃ 水浴加热 10min，然后把试管浸入冷水中冷却，再加入 5mL 水。这时，可见试管中有酯层析出并浮于液面之上，留意所生成酯的气味。往试管中加入约 1g 固体氯化钠，摇动试管，静置后观察酯层体积有无变化，为什么？

（二）酰氯和酸酐的性质

1. 水解作用

（1）往盛有 2mL 蒸馏水的试管中，慢慢滴入乙酰氯 3~4 滴，振摇，用手摸试管底部并观察现象。反应结束后，往所得到的溶液中加入 2% 硝酸银溶液数滴，观察现象。

（2）在盛有 3mL 蒸馏水的试管中。加入苯甲酰氯 3~4 滴，振摇，观察能否溶解。再边振摇试管边加热，直至溶液澄清为止。冷却后有何现象？取少量溶液，检查有无 Cl^-，剩余部分加入 10% NaOH 溶液 1mL，观察现象。

（3）在盛有 2mL 蒸馏水的试管中，加入酪酸酐 3~4 滴，振摇，观察能否溶解。若不溶解，微热之，观察现象。

2. 醇解作用

（1）在一干燥的小试管内加入 1mL 无水乙醇，在振摇下慢慢滴入乙酰氯 1mL，同时用冷水冷却试管。加完后，静置 2min，然后加入饱和氯化钠溶液 2mL 观察液面有无酯层浮起，并嗅其气味。

（2）在一干燥的试管中，加入无水乙醇和醋酸酐各 1mL，加热 2~3min，然后加入饱和氯化钠溶液 2mL，再用 10% NaOH 溶液中和，观察液面有否酯层，并嗅其气味。

3. 氨解作用

取干燥试管两支，加入新蒸馏过的苯胺 5 滴，再分别滴加乙酰氯、醋酸酐 8 滴，振摇并用手摸试管底部看有无放热。反应结束后，各加入 5mL 水，并用玻棒搅匀，观察现象。

（三）酰胺的水解反应

1. 碱性水解

取 0.1g 乙酰胺和 1mL 10% NaOH 溶液一起放入试管中，摇匀并小火加热至沸。用湿的红色石蕊试纸在试管口检验有无氨气产生。

2. 酸性水解

取 0.1g 乙酰胺和 2mL 10% 硫酸一起放入试管中，摇匀后小火加热沸腾两分钟，注意有醋酸味产生。放冷后加入 10% 氢氧化钠溶液使反应液呈碱性，然后再次加热，用湿的红色石蕊试纸检验所产生气体的性质。

（四）油脂的性质

1. 油脂的不饱和性

取 0.2g 熟猪油和数滴近于无色的植物油，分别放入两支试管中，加入 1mL 四氯化碳使其溶解，然后滴加 3% 溴的四氯化碳溶液，随加随摇，加至溴不褪色为止。从加入溴的四氯化碳溶液量的多少，可判断油脂不饱和程度的大小。

2. 油脂的皂化

取熟猪油 3g，95% 乙醇 6mL 和 40% NaOH 溶液 5mL 放入一锥形瓶中，摇匀后小火加热煮沸，待反应物成一相后，继续加热 10min 左右，并不时振摇，并检查皂化是否完全。皂化完全后，将制得的黏稠液倒入盛有 20mL 热饱和食盐水中，边倒边搅拌，硬脂酸钠等被盐析出来，浮于水面，凝固后取出，称为皂胶。工业上再加入硅酸钠、色素、香料等填料，经成型即为肥皂。若制药皂，要加入苯酚。

将上述制得的皂胶，用玻棒取出，作下面的试验。

(1) 脂肪酸的析出

取 0.5g 皂胶及 4mL 蒸馏水，放入一试管中，加热使皂胶溶解，再加入 2mL 3mol/L 硫酸，然后小火加热，观察现象。

(2) 钙离子的作用及乳化作用

取 0.2g 皂胶加 20mL 蒸馏水，加热配成均匀的肥皂胶体溶液。

取 2mL 肥皂液，滴加 2～3 滴 10％氯化钙溶液，振荡并观察现象。

取两支试管，各加入 1～2 滴液体油脂，在其中一支试管中加入 2mL 水，在另一支中加入 2mL 肥皂液，把两支试管用力振荡，观察现象。

四、注意事项

1. 刚果红在弱酸性、中性和碱性溶液中呈红色，在强酸性溶液中变为蓝色，变化范围是 pH3～5。刚果红试纸与弱酸作用呈棕黑色，与中强酸作用呈蓝黑色，与强酸作用呈稳定的蓝色。

2. 草酸钙不溶于水也不溶于醋酸，如不加氨水中和，则下述反应向逆方向进行。

$$\begin{matrix} COOH \\ | \\ COOH \end{matrix} + CaCl_2 \rightleftharpoons \begin{matrix} COO \\ | \\ COO \end{matrix}\!\!\!\!\!\Big\rangle Ca + 2HCl$$

3. 乙酰氯和水反应十分剧烈，滴加时要小心，以免液体飞溅。

4. 酰卤一般有催泪性，苯甲酰氯尤甚，故实验应在通风橱中进行。

5. 若乙酰氯纯度不够，则往往含有 $CH_3COOPCl_2$ 等磷化物。久置将产生浑浊或析出白色沉淀，从而影响本实验的结果，为此必须用无色透明的乙酰氯进行实验。

6. 制肥皂时，所用油脂可选用硬化油和适量猪油混合后使用。如果单纯用硬化油则制出的肥皂太硬，若用植物性油脂则制出的肥皂太软。

7. 皂化时加入乙醇的目的是使油脂和碱液能混为一相，加速皂化反应的进行。

8. 皂化是否完全的测定：取几滴皂化液放入一试管中，加入 2mL 蒸馏水，加热并不断振荡。如果这时没有油滴分出表示皂化已经完全。如果皂化尚不完全，则需将油脂再皂化数分钟，并再次检验皂化是否完全。

9. 肥皂的盐析原理：在肥皂胶体溶液中，加入大量氯化钠，由于同离子效应，肥皂的溶解度减小，同时肥皂胶粒的水化层被盐离子的水合作用破坏，因此肥皂呈固态析出。

五、思考题

1. 甲酸具有还原性，能使高锰酸钾溶液褪色，醋酸是否有此性质？为什么？
2. 试说明乙酰氯为何比苯甲酰氯活泼？
3. 酯化时为什么要加浓硫酸？
4. 制肥皂时加入食盐起什么作用？说明原理。

实验三十　胺的性质

一、实验目的

掌握脂肪族胺和芳香族胺化学反应的共同性和相异性，用简单的化学方法区别伯、仲和叔胺，掌握甲胺的制法。

二、所用试剂

乙酰胺，苯胺，N-甲基苯胺，N,N-二甲基苯胺，二乙胺，苯磺酰氯，β-萘酚，氯仿，液溴，氧氯化钠，25% $NaNO_2$ 溶液，5%及10% NaOH 溶液，6mol/L 盐酸，浓盐酸，10% KOH 乙醇溶液。

三、实验步骤

(一) 甲胺的制备

取 60mL 蒸馏烧瓶一只，放入氢氧化钠 2.5g，加入蒸馏水 6mL 使其溶解，用冰水使蒸馏烧瓶冷却至室温以下。然后小心加入液溴 1mL（在通风橱中操作）振摇，使溴和氢氧化钠作用，再用冰水冷却，最后加入 1g 乙酰胺，塞上瓶口，烧瓶支管与接液管相连接，再在接液管尾部，用橡皮管连一玻璃管，其末端恰好伸入锥形瓶的水面（瓶中盛 10mL 蒸馏水），锥形瓶以冰浴冷却，装置如图 3-14 所示。至蒸馏烧瓶内液体呈清亮状态后，再蒸数分钟即可停止。逸出的甲胺溶于水中即得甲胺溶液。

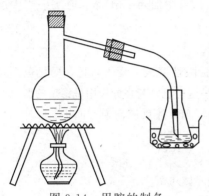

图 3-14 甲胺的制备

(二) 胺的性质试验

1. 与亚硝酸反应

（1）伯胺的反应

取自制甲胺溶液 2mL，加入浓盐酸 1mL，然后滴加 25% $NaNO_2$ 溶液，观察有无气泡放出？液体是否澄清？

取 0.5mL 苯胺加入试管中，再加 6mol/L HCl 4mL，振摇后把试管浸入冰水浴中冷却至 0～5℃，再慢慢滴加 25% $NaNO_2$ 溶液，随加随摇，直至溶液对碘化钾淀粉试纸呈蓝色为止，即得重氮盐溶液。取 1mL 重氮盐溶液，加热，观察现象，注意有无苯酚的气味。

取重氮盐溶液 1mL，加入数滴 β-萘酚溶液（0.4g 萘酚溶于 4mL 的 5% NaOH 溶液中）。观察有无橙红色沉淀生成。

（2）仲胺的反应

将 1mL N-甲基苯胺及 1mL 二乙胺分别盛于试管中，各加 1mL 浓盐酸及 2.5mL 水。把试管浸在冰水浴中冷却至 0℃，再慢慢加入 25% $NaNO_2$ 溶液 10 滴，随加随摇，观察有无黄色油状物生成。

（3）叔胺的反应

取试管一支，加入 N,N-二甲基苯胺 2 滴和浓盐酸 2 滴，摇匀，再加入碎冰 2g，然后滴加 25% $NaNO_2$ 溶液 4～5 滴，用力振摇，观察现象。

2. Hinsberg 试验

在试管中，放入 0.1mL 液体胺或 0.1g 固体胺，5mL NaOH 溶液及 3 滴苯磺酰氯，塞住试管口。剧烈振摇 3～5min，除去塞子，振摇下在水浴上温热 1min，冷却溶液，用试纸检验溶液是否呈碱性，若不呈碱性，应加氢氧化钠使呈碱性。观察现象，并进一步加 5% 盐酸至刚好呈酸性，确认胺的类型。

样品：苯胺，N-甲基胺，N,N-二甲基苯胺。也可以用对甲基苯磺酰氯代替苯磺酰氯。

3. 伯胺的成肼反应

本实验在通风橱中进行。取两支试管,分别加入苯胺 1 滴,甲胺溶液 2 滴,各加氯仿 3～4 滴和 10％氢氧化钾乙醇溶液 1mL,加热至沸,留意有无奇臭产生(注意肼的毒性很大,不可多嗅)。实验完毕,加少许浓盐酸加热使之分解后弃去。

四、注意事项

1. 许多亚硝基化合物已被证实有致癌作用,应避免直接接触,并应立即清除所有这些溶液。

2. 制备甲胺时注意:

(1) 加入液溴及乙酰胺前,都必须先用冰水冷却,以免加溴时温度升高,溴蒸气大量逸出或加入乙酰胺时反应过于剧烈,甲胺气体来不及被水吸收而逸出。

(2) 必须小火加热,如火太大,蒸馏烧瓶内的强碱容易暴沸,把反应物冲入接收器。

3. 与亚硝酸反应的实验可以区别胺的类型:

(1) 放出气体,得到澄清液体,表示为脂肪族伯胺。

(2) 有黄色油状物或固体析出,加碱后不变色,表示为仲胺,加碱至呈碱性时转变为绿色固体,表示为芳香族叔胺。

(3) 不放出气体,得到澄清液体,加入数滴 β-萘酚溶液(溶于 5％氢氧化钠溶液中),若出现橙红色沉淀,表示为芳香族伯胺,无颜色,表示为脂肪族叔胺。

4. 重氮化时冷却的目的是减少亚硝酸和重氮盐的分解。重氮化反应不是离子反应,作用较慢,所以加亚硝酸钠溶液时要慢,以免亚硝酸积聚,分解放出一氧化氮和二氧化氮。

5. 在酸性溶液中亚硝酸与碘化钾作用析出碘,所以混合物中含有的游离亚硝酸可用碘化钾淀粉试纸来检验。

6. 兴斯堡(Hinsberg)反应能较好的鉴别伯、仲、叔胺。

五、思考题

1. 在与亚硝酸的反应中,为什么脂肪族伯胺容易放氮而芳香族伯胺要温度升高后才有氮气放出?

2. 制备氯化重氮苯时,为什么要用过量的盐酸?为什么要在 0～5℃进行重氮化反应?

3. 制备甲胺时要注意什么问题?

4. 用碘化钾淀粉试纸来检验重氮化反应终点的根据是什么?

第四部分
精细有机化学品的合成及高分子化学实验

实验三十一 扑热息痛的合成

一、实验目的
学习用苯酚为原料,通过亚硝化、还原、中和及乙酰化反应合成扑热息痛的方法。

二、实验原理及反应式
扑热息痛(panacetamol)又称潘那度尔(panadol),其化学名为对乙酰氨基酚(N-acetaminophen),分子式为 $CH_3CONHC_6H_4OH$,是合成具有良好解热镇痛作用药物非那西丁(phenacetin)的重要中间产物。扑热息痛本身也可以作为一种和非那西丁作用类似的药物。

扑热息痛的合成路线较多,本实验选用苯酚为原料,经如下步骤合成:

$$\text{PhOH} \xrightarrow[-5\sim0℃]{NaNO_2 + H_2SO_4} \text{4-NO-C}_6\text{H}_4\text{OH} \xrightarrow[40\sim48℃\text{ 还原}]{Na_2S + H_2O} \text{4-NH}_2\text{-C}_6\text{H}_4\text{ONa}$$

$$\xrightarrow[<40\sim80℃\text{ 中和}]{H_2SO_4 \text{ 至 pH=9}} \text{4-NH}_2\text{-C}_6\text{H}_4\text{OH} \xrightarrow[\triangle,\text{乙酰化}]{(CH_3CO)_2O} \text{4-CH}_3\text{CONH-C}_6\text{H}_4\text{OH}$$

对乙酰氨基酚进行烷基化即可制得非那西丁:

$$\text{4-CH}_3\text{CONH-C}_6\text{H}_4\text{OH} \xrightarrow{CH_3CH_2I, NaOC_2H_5} \text{4-CH}_3\text{CONH-C}_6\text{H}_4\text{OC}_2\text{H}_5$$

三、所用试剂
苯酚 11g,亚硝酸钠 12.4g,40%硫酸溶液 25mL,硫化钠 9.3g,20%硫酸溶液适量,活性炭适量,乙酸酐 8.8mL,冰。

四、实验步骤
1. 苯酚的亚硝化——对亚硝基苯酚的制备

$$2\;\underset{}{\text{C}_6\text{H}_5\text{OH}} + 2\text{NaNO}_2 + \text{H}_2\text{SO}_4 \xrightarrow{-5\sim10\text{℃}} 2\;\text{HO-C}_6\text{H}_4\text{-NO} + \text{Na}_2\text{SO}_4 + 2\text{H}_2\text{O}$$

在 250mL 三口瓶中加入 11g（0.12mol）苯酚和 20mL 水，待溶解后加入亚硝酸钠 12.4g 和 60mL 水，三颈瓶的一口装上温度计，使水银球伸入液面；一口装上盛有 40% 硫酸 25mL 的滴液漏斗，漏斗柄末端伸入液面下，中间口装上电动搅拌器。开动搅拌器待亚硫酸钠溶解后，将反应瓶浸入冰盐水中冷却。保持反应温度约 −5℃。在搅拌下待反应瓶中有均匀悬浮絮状酚析出后开始放酸，控制放酸速度，使其不要有三氧化二氮黄烟发生。最初 6min 放入总酸量（25mL）的一半，后 12min 放入余下的一半。反应温度控制在 −4～0℃。加酸毕，pH=1.5 左右，继续搅拌 90min 以上，静置 20min，反应温度为 0～4℃ 之间，结晶，抽滤，用冰水洗去余酸，得黄-红橙色粉末或短针状亚硝基酚约 22g（纯产品约 11g，产率 80%～85%）。

2. 亚硝基酚的还原、中和——对氨基酚的制备

$$2\;\text{HO-C}_6\text{H}_4\text{-NO} + 2\text{Na}_2\text{S} + \text{H}_2\text{O} \xrightarrow[\text{搅拌}]{40\sim48\text{℃}} 2\;\text{NaO-C}_6\text{H}_4\text{-NH}_2 + \text{Na}_2\text{S}_2\text{O}_3$$

$$2\;\text{NaO-C}_6\text{H}_4\text{-NH}_2 + \text{H}_2\text{SO}_4 \xrightarrow[\text{pH}=9]{<40\text{℃}} 2\;\text{HO-C}_6\text{H}_4\text{-NH}_2 + \text{Na}_2\text{SO}_4$$

在 250mL 三颈瓶中加入约 9.3g 硫化钠（亚硝基酚：硫化钠 = 1:1.23）和 21.4mL 水（为硫化钠重的 2.3 倍），搅拌溶解后冷却至 40℃。在搅拌下将亚硝基酚小块缓缓加入三颈瓶中，反应液需冷却保持在 40～48℃ 之间。全部亚硝基酚约在 5min 内加完，再继续搅拌 15min，这时反应温度显著下降，反应液呈棕黑色，还原反应即完成。加水稀释至原体积的 4～5 倍，继续搅拌，并加入 20% 的稀硫酸中和，冰水冷却使反应温度不超过 40℃ 至液面起泡，pH=9 稳定不变，中和反应即告完成。加入活性炭少许，搅匀，并加热至沸，然后趁热抽滤，滤液冷却结晶，再抽滤挤干得浅黄色或蒜黄色的细粒状结晶对氨基苯酚（8.3～10g），产率 73%～81%。

3. 对氨基苯酚的乙酰化——扑热息痛的制备

$$\text{HO-C}_6\text{H}_4\text{-NH}_2 \xrightarrow{(\text{CH}_3\text{CO})_2\text{O}} \text{HO-C}_6\text{H}_4\text{-NHCOCH}_3 + \text{CH}_3\text{COOH}$$

将上步产品对氨基苯酚加入 100mL 的圆底烧瓶中，加入 3 倍重的水，使对氨基苯酚浮于水中，再加入约 9.3g（8.8mL）乙酸酐（对氨基苯酚：乙酸酐 = 1:1.3），装上冷凝管，

用水浴加热回流混合物，并时常将烧瓶剧烈振荡，10min 后对氨基苯酚全部溶解，再将反应物冷却，析出扑热息痛，抽滤，用少许冷水洗涤，产品用热水重结晶。晶体置于滤纸上，干燥。产量约 9.2g，产率约 87%。

五、注意事项

1. 滴液漏斗柄末端须伸入液面下，否则大量亚硝酸分解而产生黄烟。
2. 苯酚的分散是亚硝化完全的关键，所以必须待酚的絮状结晶析出并均匀悬浮于液体后方能开始放酸。
3. 控制放酸速度是影响反应产率及产物质量的关键之一，过快会产生大量的 NO、NO_2 黄烟，过慢会影响亚硝基酚的质量和产率。
4. 酚加毕继续搅拌的目的是使酚反应完全，静置为使亚硝基酚的结晶成长完全，以提高产率和质量。
5. 亚硝基酚极易氧化，暴露于空气中会因氧化发热变质，甚至燃烧，故结晶抽滤压干后立即用于下一步，若要短时间保存必须放在冰库中。
6. 还原时温度低于 30℃ 则反应过慢，高于 48℃ 则亚硝基在未被还原时即分解，影响产率和质量。
7. 稀硫酸浓度过高，未冷却或中和温度高于 50℃ 则未接近终点即有大量硫化氢生成，同时产生乳硫影响过滤和产品质量。
8. 严格掌握中和终点 pH=9，若中和过头至 pH=7~8 时，应加碱调回 pH=9，否则升温后硫代硫酸钠水解会产生大量硫化氢析出胶体硫，造成过滤困难并给产品带来硫黄。

六、思考题

1. 亚硝基酚易氧化，其氧化后的产物是什么？写出反应方程式。
2. 在对氨基苯酚进行中和时，为什么硫酸浓度不宜过高和反应温度要低于 40℃？写出反应式。
3. 假如要制备扑热息痛 20g，算出需要苯酚原料的理论值。

实验三十二　紫罗兰酮的合成

一、实验目的

学习由柠檬醛与丙酮合成制备紫罗兰酮的原理和方法。

二、实验原理及反应式

紫罗兰酮（ionone）一般都是 α 和 β 两种异构体的混合物，其稀释时有紫罗兰花香气，是极重要的香料。β-异构体也是合成维生素 A 的原料。紫罗兰酮可以由柠檬醛与丙酮在稀氢氧化钠溶液中缩合，再用硫酸进行环化而制得：

柠檬醛　　　　　丙酮　　　　　　　假性紫罗兰酮

$$\xrightarrow[\text{环化}]{H_2SO_4}$$ α-紫罗兰酮 + β-紫罗兰酮

三、所用试剂

柠檬醛 10g，丙酮 30g，45％氢氧化钠溶液 2mL，50％乙酸溶液适量，10％氯化钠溶液（可用食盐配制）20mL，55％硫酸溶液 8mL，甲苯 14mL，15％碳酸钠溶液 5mL。

四、实验步骤

（一）假性紫罗兰酮的合成及其环化

实验装置为一装有搅拌器、温度计、水浴、冷凝器、水蒸气发生器、接液管、真空接收器的烧瓶。

在搅拌和 50℃下，渐渐地向 30g 丙酮和 2mL 45％氢氧化钠溶液中加入 10g 柠檬醛，然后用 50％的乙酸溶液中和有机层至 pH 值为 5，蒸出剩余的丙酮。用 20mL 10％的氯化钠溶液洗涤产物，在 80℃和残压 0.013MPa 下，随水蒸气自有机部分蒸出低沸点杂质，至 n_D^{20} 1.500。将去水而分出的假性紫罗兰酮加到 8mL 55％的硫酸溶液和 14mL 甲苯中，并保持温度在 25～28℃，加水搅拌，分出有机层，用 5mL 15％的碳酸溶液洗涤，并蒸出甲苯。

（二）真空精馏

精馏装置为一装有温度计、毛细管、4～5 个理论塔板的精馏柱、分凝器、接液管和真空接收器的烧瓶。

用回流比 3～4 精馏粗制的紫罗兰酮。初馏分可不经回流而取出，在 120～125℃和残压为 0.0017～0.0020MPa 间取出主馏分，将该馏分进行精馏，取出沸点为 125～130℃/0.002MPa、折射率 n_D^{20} 1.499～1.504 的馏分。

五、注意事项

由于柠檬醛和假性紫罗兰酮接触氢氧化钠水溶液后均易聚合，所以在水蒸气蒸馏时溶液中和至微酸性是重要的。

六、思考题

在假性紫罗兰合成反应时，实验中采用将柠檬醛加往含氢氧化钠的丙酮溶液中的顺序，并且取丙酮过量。如果顺序反过来，将丙酮加往含氢氧化钠的柠檬醛溶液中，并且取柠檬醛过量行吗？为什么？

实验三十三　酸性橙的合成

一、实验目的

了解酸性橙的合成原理，学习制备酸性橙的方法。

二、实验原理及反应式

酸性橙（acid orange）又称酸性金黄、二号橙，为鲜艳金黄色粉末，是染毛织物的染料,在加有芒硝的酸性浴中进行染色,也用来染蚕丝、木纤维、皮革及纸。纯品可用作指示剂和细胞质着色。

酸性橙可由对氨基苯磺酸经重氮化后,与 β-萘酚在弱碱性介质中偶联而成。

三、所用试剂

β-萘酚 14.5g,对氨基苯磺酸钠盐 23.1g,90%硫酸 12.0g,亚硝酸钠 7.0g,氢氧化钠 5.5g,碳酸钠 2~3g,食盐 120g。

四、实验步骤

于搅拌下在 500mL 烧杯中将 23.1g(0.1mol) 对氨基苯磺酸钠溶解在 100mL 水中,加水稀释至 200mL,并搅拌至固体完全溶解。向溶液中加入 20~30g 冰,冷却至 5℃(必要时可将其置于冰水浴中),缓缓加入 12g 90%硫酸。此时,温度升高 2~3℃,游离的对氨基苯磺酸呈细小的白色沉淀析出。然后于剧烈搅拌下自滴液漏斗缓缓滴加 7g(0.1mol) 亚硝酸钠溶于 20mL 水的溶液。用淀粉碘化钾试纸检验重氮化反应的终点,用刚果红试纸检验反应液酸度。此时温度升高到 13~15℃,大部分重氮化了的对氨基苯磺酸呈沉淀析出,溶液的体积为 250mL。

在另一烧杯中,将 14.5g(0.1mol) β-萘酚溶解在 80mL 水中,向其中加入含 4.8g 氢氧化钠的 40%水溶液。将混合物加热至 90~95℃。此时 β-萘酚应该全部溶解。将透明的溶液冷至 10℃,加水至 300mL。

向所得的对氨基苯磺酸重氮化溶液中加入碳酸钠(2~3g),恰好使溶液对石蕊显酸性,但对刚果红试纸则呈中性。将溶液搅拌 10~15min,并加到 β-萘酚的冷溶液中。调节加入速度,使反应物的温度不超过 10℃,且介质始终呈碱性反应(对亮黄试纸),必要时再加一些氢氧化钠溶液。β-萘酚始终要稍过量一些,这可以用纸上试验来验证(与对硝基苯胺重氮化溶液生成橙色带)。将反应物继续搅拌 25min 以使反应完全,然后将烧杯内的内容物加热至 60℃,此时染料全部溶解,趁热过滤。向热至 60℃的溶液中加入约 120g 食盐(至滤液在纸上生成无色斑痕为止),将产品盐析出来,冷却后过滤。染料的产量为 40g(约为理论产量的 82%)。

五、注意事项

1. 在对氨基苯磺酸重氮化时,反应温度不得超过 13℃;当溶液温度升高时,必须即向其中加冰。
2. β-萘酚冷却时不得析出沉淀,否则必须向溶液中添加少量氢氧化钠溶液使沉淀溶解。
3. 偶联反应时的温度不宜太高,不得超过 15℃。

六、思考题

1. 合成酸性橙主要有哪些步骤?试写出这些步骤的反应机理。

2. 甲基橙（NaO₃S—⟨benzene⟩—N=N—⟨benzene⟩—N(CH₃)₂）与酸性橙一样，都属于偶氮染料。试说明你将如何通过重氮偶联反应合成甲基橙。

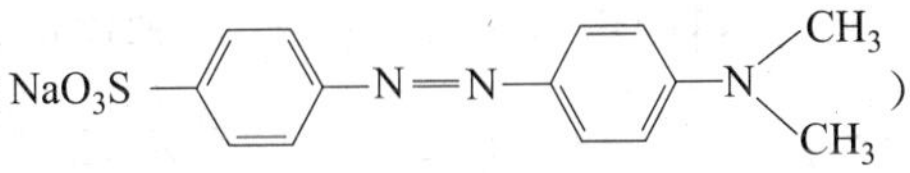

3. 重氮盐偶联反应是一种芳香族亲电取代反应。写出能明白表示这个事实的机理。

实验三十四　苋菜红的合成

一、实验目的
了解苋菜红的合成原理，学习制备苋菜红的方法。

二、实验原理及反应式
苋菜红又称蓝光酸性红，是典型的酸性染料，它可将毛织品（在加有芒硝的酸性浴中）染成带浅蓝色的红色，也可以染天然丝、木纤维、羽毛等。

苋菜红可由氨基萘磺酸经重氮化后，再与 2-羟基萘-3,6-二磺酸钠盐在弱碱性介质中偶联而成：

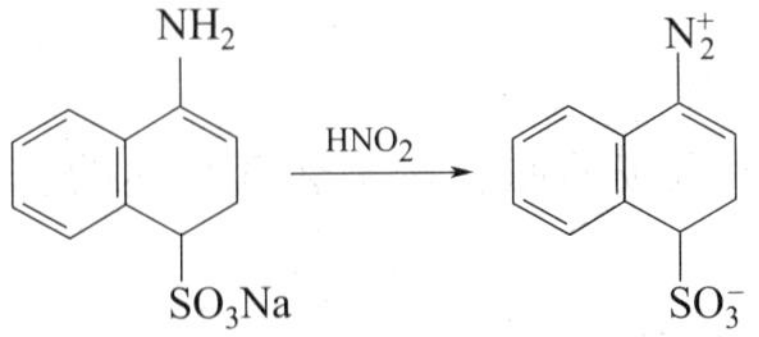

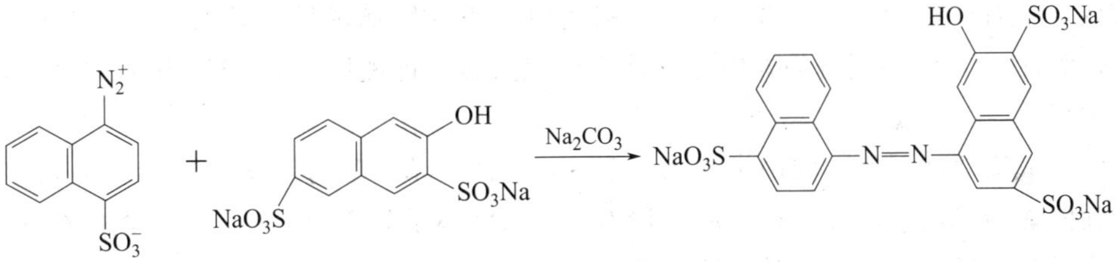

三、所用试剂
1-氨基萘-4-磺酸钠 4.9g，30% 盐酸溶液 5mL，亚硝酸钠 1.7g，2-羟基萘-3,6-二磺酸钠盐 7.2g，碳酸钠 5.8g，食盐 65g。

四、实验步骤
在 100mL 烧杯中，将 4.9g(0.02mol) 100% 的氨基萘磺酸钠溶于 35mL 水及 5mL 30% 盐酸中。将溶液加热至 30℃，用 1.7g(0.025mol) 亚硝酸钠在 10mL 水中的溶液进行重氮化。于剧烈搅拌下约在 2h 内将亚硝酸钠溶液缓缓加入。

用淀粉碘化钾试纸检验反应终点，同时用刚果红试纸检验酸度。

重氮化以后，将溶液冷至 8～10℃，将它约在 1h 内分批少量地加至预先配好并冷却到 10℃ 的 R-盐溶液中。此溶液是由 7.2g(0.022mol) R-盐（2-羟基萘-3,6-二磺酸钠盐），5.8g 碳酸钠及 45g 食盐溶于 165mL 水中而配成的。R-盐的溶液应该稍微过量一点。

当重氮化合物的溶液全部加完以后，继续搅拌 1.5～2h，加入 20g 食盐进行盐析，再搅拌 20min，过滤，沉淀，于 45℃下干燥。染料的产量为 7.6g（约为理论产量的 68%）。

五、注意事项

1. 在重氮化时要控制亚硝酸钠溶液加入速度，不可太快。
2. 偶合反应时温度不宜过高。
3. 加入食盐可以使随后的过滤易于进行。
4. 用对硝基苯胺的重氮化溶液进行纸上试验来检验 R-盐的有无。

六、思考题

1. 用反应式说明由氨基萘磺酸盐与 2-羟基萘-3,6-二磺酸盐合成苋菜红的进程。
2. 在重氮化完成时，为什么要用淀粉碘化钾试纸检验反应终点，用刚果红试纸检验酸度？
3. 按理论值进行计算，欲生产苋菜红染料 100kg，问需要原料氨基萘磺酸盐与羟基萘二磺酸盐各多少公斤？

实验三十五　N,N-二乙基间甲苯甲酰胺的合成

一、实验目的

了解合成 N,N-二乙基间甲苯甲酰胺的原理，学会其具体的合成方法。

二、实验原理及反应式

N,N-二乙基间甲苯甲酰胺是常用的一种驱虫剂，它对驱逐蚤、蚊子、扁虱等叮人的小虫都有效，具有广谱的活性。N,N-二乙基间甲苯甲酰胺属酰胺类化合物。酰胺的通式是 R—CO—NH$_2$。本实验制备的酰胺是一种二取代酰胺，即酰胺的—NH$_2$ 基上的两个氢已被乙基所取代。

这一合成需要如下所示的两个步骤。第一，将间甲苯甲酸与氯化亚砜反应得到酰氯；第二步，使酰氯与二乙胺反应。在反应过程中，酰氯将不予分离和提纯，而是直接在其生成的溶液中再进行反应。这是制备酰胺的通法。

步骤 I

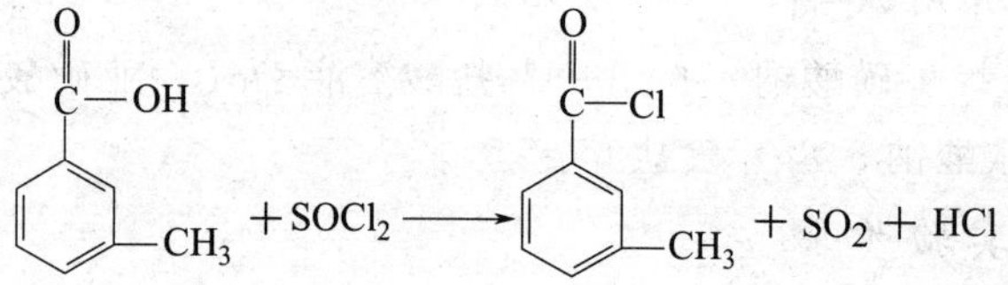

间甲苯甲酸 + SOCl$_2$ → 间甲苯甲酰氯 + SO$_2$ + HCl

步骤 II

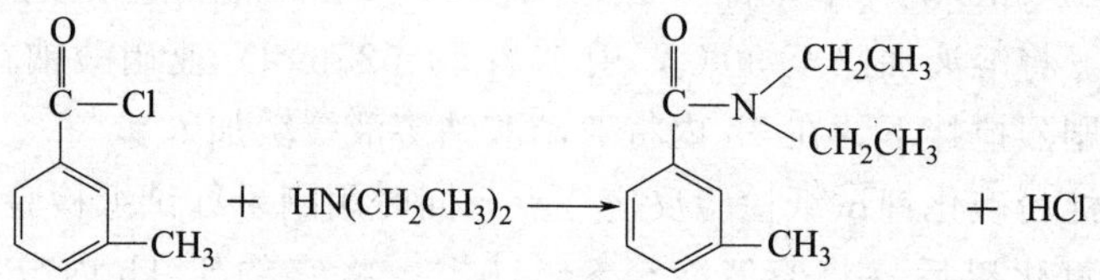

间甲苯甲酰氯 + HN(CH$_2$CH$_3$)$_2$ → N,N-二乙基间甲苯甲酰胺 + HCl

三、所用试剂

间甲苯甲酸（3-甲基苯甲酸）4.1g，氯化亚砜 45mL，无水乙醚 50mL，二乙胺 10mL，5%氢氧化钠溶液 40mL，10%盐酸溶液 20mL，无水硫酸钠 2g，60～200 目活性氧化铝 25g，石油醚适量。

四、实验步骤

置 4.1g 间甲苯甲酸和 45mL 氯化亚砜（密度 1.65g/mL）于 500mL 三颈圆底烧瓶中，参考实验装置图 4-1，在烧瓶上装一回流冷凝管和式样如图所示的气体阱。在反应中有氯化氢气体放出，而气体阱将阻止它逸入室内。加上一只配有干燥管的分液漏斗（见图 4-1 所示），并将烧瓶中未使用的一个口塞住。加入一粒沸石，开动冷凝管中的循环水。用电热套将反应混合物徐徐加热到不再放出氯化氢气体（20～30min）。

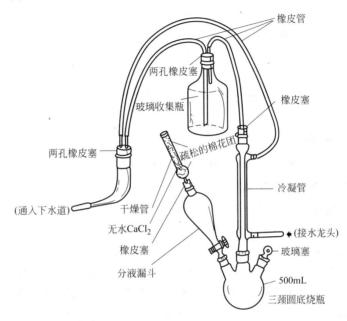

图 4-1　合成 N,N-二乙基间甲苯甲酰胺的专用回流装置

反应停止后，将烧瓶冷却，加入 50mL 干燥乙醚（沸点 35℃）。向分液漏斗倾入 10mL 二乙胺（密度=0.71g/mL）溶解在 20mL 无水乙醚中的溶液并重新装好干燥管。将二乙胺的醚溶液逐滴加入反应瓶，滴加速度控制在反应中所生成的大量白烟状物质不升到三颈瓶的颈部而填塞分液漏斗为宜。

加完二乙胺后，把烧瓶中的内容物用 20mL 5％氢氧化钠溶液洗入分液漏斗中。如有需要，可用少许水把积在冷凝管中的任何固体洗入烧瓶，随后也将此溶液加入分液漏斗内的物料中，振荡分液漏斗，使乙醚萃取水层（如果没有明显的乙醚层，则大部分乙醚可能已在反应过程中蒸发了，故需要再加些乙醚），分层后除去水层。

醚层用 20mL 5％氢氧化钠洗涤，然后用 20mL 10％盐酸洗涤，最后用 20mL 水洗涤。用 2g 无水硫酸钠干燥乙醚层。在通风橱中于蒸汽浴上蒸发掉乙醚。

产品可用减压蒸馏提纯或用柱色谱法提纯，柱色谱法是较为容易的方法。若用柱色谱法提纯，应用氧化铝作吸附剂（约 25g 氧化铝，在一直径 25mm 柱中），且应用石油醚作为洗脱剂，N,N-二乙基间甲苯甲酰胺将是第一个洗提出的化合物。在通风橱中于蒸汽浴上除去石油醚，得到透明的棕黄色油状产物，即纯化的 N,N-二乙基间甲苯甲酰胺。

五、注意事项

1. 为除去反应中生成的氯化氢，必须用橡皮管把冷凝管上端的出口接到出水口处。

2. 如果白色烟状物质太多,要让它降低下去以后再继续加二乙胺溶液。千万不要让沸腾的反应变得剧烈,必要时,可以冷却反应瓶。

六、思考题
1. 在滴加二乙胺的醚溶液时,会有大量的白烟状物质生成,请问它是什么?写出反应式。
2. 反应中遇到了二种胺:二乙胺和 N,N-二乙基间甲苯甲酰胺,前者的碱性比后者强,为什么?
3. 试提出从 2-乙氧基苯甲酸合成 N,N-二乙基-2-乙氧基甲酰胺的合成途径。

实验三十六 液体油氢化合成硬化油

一、实验目的
了解催化加氢的原理,学习低压催化加氢的操作及有关催化剂制备方法。

二、实验原理及反应式
甘油酯(油脂或油)的脂肪酸组分在脂肪分子的烃基部分常常有一个或几个双键,这些双键使甘油酯在室温下成为液体,因此,将其归于油一类。多不饱和甘油酯的双键特性使油更容易消化但也容易变哈(氧化),这是由于双键易被空气氧化而产生各种具特殊臭味的有机酸、醛和酮。双键加氢(氢化)后的产物为硬脂(饱和甘油酯),使变哈的速度减慢。硬脂在室温下是固体且难于消化。液体的棉籽油,在金属催化剂存在情况下,可高温氢化生成硬脂。本实验以棉籽油为例进行氢化产生硬脂。

大多数油或脂含有各种不同的脂肪酸组分,因此,它们的物理和化学性质显著不同。例如,棉籽油成分中,亚油酸和油酸是主要的不饱和脂肪酸,它们和硬脂酸部分共同构成甘油酯。

$$\begin{array}{l}CH_2OOC(CH_2)_7CH=CH(CH_2)_7CH_3 \\ \quad \text{油酸部分} \\ CHOOC(CH_2)_7CH=CHCH_2CH=CH(CH_2)_4CH_3 + 3H_2 \\ \quad \text{亚油酸部分} \\ CH_2OOC(CH_2)_{16}CH_3 \\ \quad \text{硬脂酸部分}\end{array} \xrightarrow[200℃]{催化剂} \begin{array}{l}\text{H}\text{H} \\ CH_2OOC(CH_2)_7CH-CH(CH_2)_7CH_3 \\ \text{H}\text{H} \\ CHOOC(CH_2)_7CH-CHCH_2CH-CH(CH_2)_4CH_3 \\ CH_2OOC(CH_2)_{16}CH_3\end{array}$$

油酸亚油酸硬脂酸甘油酯(油)　　　　　　　　　三硬脂酸甘油酯(饱和脂肪)

碘值是和 100g 脂肪反应的碘的克数。在甘油酯分子中每存在一个双键,就需要 1mol 的碘。所以通过测定反应的碘的物质的量,就可以了解存在于 100g 脂肪中相当的双键物质的量。例如 100g 某种油脂与 88.60g 碘反应,这个甘油酯具有 88.60 的碘值。它含有相当于:

$$\frac{88.60\text{g}}{254\text{g/mol}} \times \frac{1.0\text{mol}(双键)}{1.0\text{mol}(I_2)} = 0.349 \text{mol}(双键)$$

$$\begin{array}{l}CH_2OOC(CH_2)_7CH=CH(CH_2)_7CH_3 \\ CHOOC(CH_2)_7CH=CHCH_2CH=CH(CH_2)_4CH_3 + 3I_2 \\ CH_2OOC(CH_2)_{16}CH_3\end{array} \longrightarrow \begin{array}{l}\text{I}\text{I} \\ CH_2OOC(CH_2)_7CH-CH(CH_2)_7CH_3 \\ \text{I}\text{I}\text{I}\text{I} \\ CHOOC(CH_2)_7CH-CHCH_2CH-CH(CH_2)_4CH_3 \\ CH_2OOC(CH_2)_{16}CH_3\end{array}$$

三、所用试剂

锌粉 25g，6mol/L 硫酸溶液 100mL，无水氯化钙适量，棉籽油 20～25mL，镍催化剂 0.5g，氯化钠（研细）25g，硫代硫酸钠溶液（0.1mol/L）100mL，1%淀粉溶液 2mL，0.05mol/L 哈纳斯溶液 60mL，10%碘化钾溶液 40mL，二氯甲烷 30mL。

四、实验步骤

将 25g 锌粉放于 250mL 锥形瓶中，使用两孔橡皮塞，将涂上润滑油的长柄漏斗，如图 4-2 插至接近瓶底，将涂上润滑油的玻璃管插入橡皮塞中。在干燥管圆的一头放一小团棉花并装满无水氯化钙。在管状部分插入单孔橡皮塞前，放入一小团疏松的棉花。如图装好氢气发生器。

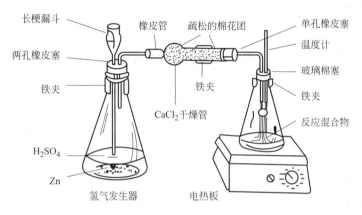

图 4-2　棉籽油氢化装置

在 50mL 的锥形瓶中装入 25mL 棉籽油，加入 0.1～0.5g 的镍催化剂。将此 50mL 锥形瓶用铁夹夹住后放在电热板上，将其余的玻璃管接好。把电热板调节到中等温度挡，将油加热至 200℃。在 25mL 棉籽油中放一温度计，并在瓶口放一小团玻璃棉。

进行反应时，在加热油以后，通过长柄漏斗加入 6mol/L 硫酸溶液，直至漏斗的底部出口为液体所浸没。继续加入（一小份一小份地分批）6mol/L 硫酸直至加完 100mL。氢气产生并开始鼓泡，氢气泡通过油的速率为每分钟 150～200 个气泡，当气泡速率下降时加入更多的 6mol/L 硫酸溶液。在 200℃下连续反应大约 35min。

在烘箱中将玻璃漏斗（最好是无颈或过滤粉末的漏斗）预热至 100℃，以供在反应结束时过滤热油用。使用粗孔度折叠滤纸通过重力过滤热的氢化反应混合物，从热油除去镍催化剂。如有可能，可在大烘箱中进行过滤，以防止脂肪在漏斗内固化。将油在水浴中冷却至固化，测定氢化的甘油酯质量。将产生氢气的酸溶液倾出，将未用完的镍洗净回收。

氢化程度的定性测定可以通过比较测定熔点（固化点）的方式进行。在试管中放 5mL 棉籽油。在一 250mL 烧杯中装满碎冰，将试管放入冰中，再向冰中约加 15g 细盐，并用搅棒搅匀。放一温度计在试管的棉籽油内，并缓慢地搅拌以测定其大致的固化温度，记录棉籽油的固化温度。在蒸气浴上加热装有固化的脂肪的烧瓶，并用温度计搅拌直至其完全熔化来测量新生成脂肪的大致熔点，记录脂肪熔化的温度范围。

通过测量碘值可以定量测定氢化程度。在 500mL 锥形瓶中，放入 0.50g 棉籽油，准确至 0.01g，再加入 15mL 二氯甲烷溶解油。用 10.0mL 的移液管，将 30mL 新鲜的哈纳斯溶液加至溶解的脂肪中，并不断摇动 30min。反应完毕，向烧瓶中加入 20mL 10％碘化钾溶液。充分摇动几分钟后加入 100mL 水。用 0.10mol/L 硫代硫酸钠溶液滴定，直至颜色为浅黄至橙色为止。向烧瓶中加入 1mL 可溶性淀粉指示剂并摇动，如果仍有少量碘存在时溶液则呈蓝色，继续用硫代硫酸钠溶液滴定，每次加几滴，摇动直至蓝色消失。记录硫代硫酸钠溶液消耗的体积。

用 0.5g 氢化棉籽油重复上述步骤，记录硫代硫酸钠消耗体积。

样品的碘值可用下式计算：

$$碘值 = \frac{\left(V_0 c_0 - \dfrac{V_1 c_1}{2}\right) \times 254}{m} \times 100$$

式中　V_0——哈纳斯溶液体积，L；
　　　c_0——哈纳斯溶液浓度，mol/L；
　　　V_1——硫代硫酸钠溶液消耗体积，L；
　　　c_1——硫代硫酸钠溶液浓度，mol/L；
　　　m——样品的质量，g。

棉籽油氢化完成的百分率也可以计算：

$$氢化百分率 = \left(1 - \frac{产物碘值}{反应物碘值}\right) \times 100\%$$

五、注意事项

1. 镍催化剂采用 Raney 镍，其制备方法可以如下：在一个装有搅拌器的三口烧瓶中，加入 600mL 10％氢氧化钠溶液，加热至 90℃，在搅拌下分小批加入 40g 镍铝合金（镍与铝在合金中的比例各占 50％），加入的速度应使溶液维持温度在 90～95℃ 之间，约在 20～30min 内加毕。加毕后，再继续搅拌反应混合物 1h。静置，让镍粉沉下，倾去上层溶液，然后先用水以倾泻法洗涤 5 次，每次 200mL，继续用乙醇倾泻洗涤 5 次，每次 50mL。在洗涤过程中，镍粉始终需为液体覆盖，不可使其直接暴露在空气中。Raney 镍在空气中干燥时，都能立即燃烧，干燥的催化剂与滤纸、棉花等易燃物接触，更易引起这些物体的燃烧，因此必须始终用各种液体覆盖着。采用这样方法制备的催化剂保存在乙醇中，置于冰箱内，其活性可以维持 3 个月。

2. 0.05mol/L 哈纳斯溶液制备：在微热与不断搅拌下（最好使用电磁搅拌的电热板）将 12.7g 碘溶于 1.0L 冰乙酸中。将 12.7g 碘溶于 1.0L 冰乙酸中可能需要 8h 以上，因此，至少必须提前 24h 就制备哈纳斯溶液。

3. 不要将干燥管的任何部分填结实，以免产生的氢气难以通过。

4. 也可采用 10％钯-碳催化剂。

5. 使用一团疏松的玻璃棉而不是用橡皮塞。

6. 锌可能极其快地起反应。硫酸以小量加入。

7. 用钳子夹住热的漏斗，操作迅速并使全部用具都保持热的以防止产物的固化。

六、思考题

1. 如果我们要想降低被氢化的脂肪的百分率，应如何做？
2. 为什么固化点在确定某一脂肪是否被氢化时是有用的？
3. 为什么碘值能用来定量测定氢化的程度？

实验三十七 乙酸苄酯的相转移催化合成

一、实验目的
通过乙酸苄酯的制备熟悉相转移催化这一新型的合成方法和基本操作过程。

二、实验原理及反应式
相转移催化体系包含两个互不相溶的相，其一相（水相）包含有盐（乙酸钠），它起碱和亲核试剂作用；另一相（有机相）包含有与盐起反应的有机物（苄氯）。在体系中加入季铵离子可提取水中的乙酸根负离子以离子对的形式进入有机相，摆脱了水分子对乙酸根的溶剂化作用，使乙酸根与底物苄氯进行亲核取代反应，生成香料乙酸苄酯。

$$CH_3COONa + C_6H_5CH_2Cl \xrightarrow[\triangle]{催化剂} CH_3COOCH_2C_6H_5 + NaCl$$

三、所用试剂
苄氯（又称氯化苄）15mL，乙酸钠 25g，十六烷基三甲基溴化铵 2g，10%NaCl 溶液 30mL。

四、实验步骤
在一个装有回流冷凝管、温度计和搅拌器的三口烧瓶中，加入乙酸钠 25g，苄氯 15mL，水 10mL 和十六烷基三甲基溴化铵 2g。在不断搅拌下，水浴升至 106～108℃，使达到回流状态，并保持回流 3～4h，停止反应。冷却，加入 10% 食盐水 30mL，物料在分液漏斗中静置分层。上层（油层）分出后用水洗涤多次，至洗出水透明为止，油状物即为粗乙酸苄酯，带浓郁的茉莉花香气。将粗乙酸苄酯用减压蒸馏精制，收集 92～93℃ 的馏分，产量约 17g，产率约 86%。

乙酸苄酯是无色油状液体，属茉莉香型香料，广泛用于配制高级香精香水，也可作为醇酸树脂、硝酸纤维素、油墨等优良的溶剂。产物的折射率 n_D^{20} 1.5020，沸点 215℃。

五、注意事项
1. 如苄氯与乙酸钠等摩尔反应，产率偏低，故本实验采用乙酸钠过量投料。
2. 苄氯对眼黏膜有一定刺激作用，所以实验时必须搞好实验室的排气通风。
3. 加入 10% 食盐水，目的是使有机相和水相迅速分层，使分离操作更易进行。

六、思考题
1. 如果不使用相转移催化剂，只采用回流加热的方法，苄氯和乙酸钠可否进行反应？为什么？
2. 为了促使分别处于互不相溶的两相的两种物质进行反应，除了相转移催化这种方法之外，还可以采用什么方法？这些方法有何不足之处？
3. 本实验使用乙酸钠过量投料，而不使用苄氯过量投料，理由是什么？

实验三十八 尼泊金乙酯的合成

一、实验目的
通过尼泊金乙酯（对羟基苯甲酸乙酯）的制备加深对酯化反应的理解，进一步掌握固体物料的酯化操作和回流分水操作。

二、实验原理及反应式

醇和有机酸在 H^+ 的存在下发生酯化反应,生成酯和水,这是可逆反应,为使反应向生成酯的方向进行,需利用分水器并用带水剂苯将反应过程中生成的水不断从反应体系中移去。其反应式如下:

$$HO-\text{C}_6\text{H}_4-COOH + CH_3CH_2OH \xrightarrow[\triangle]{H_2SO_4} HO-\text{C}_6\text{H}_4-COOC_2H_5 + H_2O$$

三、所用试剂

对羟基苯甲酸 14.2g,95%乙醇 23mL,苯 10mL,浓硫酸 1.5mL。

四、实验步骤

在三口烧瓶中,加入对羟基苯甲酸 14.2g、乙醇 23mL、苯 10mL 和浓硫酸 1.5mL。搅拌,加热回流,并用分水器把反应产生的水及时分离出来。此时,固体对羟基苯甲酸逐渐溶解在反应液中,变成浅棕色溶液,当分水器中带出的水量没有明显增加时,则酯化已经达到终点。卸去电动搅拌器,把回流装置改为蒸馏装置,蒸去残余的苯及乙醇,当蒸馏温度升至 100℃而再无液体蒸出时,趁热将反应液倒入盛有自来水的烧杯中,尼泊金乙酯立即呈块状析出,此为粗产品。精制操作是,将粗产品研碎,先用 5%NaOH 溶液浸泡洗涤,以溶解除去未反应的对羟基苯甲酸,再用水洗涤多次,滤干,然后用乙醇加热溶解,用活性炭脱色,经重结晶后即为精产品,烘干,密封存储。产量约 15g。

尼泊金乙酯又称尼泊金 A,学名对羟基苯甲酸乙酯。这是一种国内外广泛使用的防腐剂、抑菌剂,常用于化妆品、食品、医药部门。精制品的熔点为 118℃。

五、注意事项

1. 硫酸用量为醇用量的 3%时,即可起催化酯化作用,稍加用量有助于酯产率的提高,但硫酸用量过多,由于产生氧化反应和炭化作用等副反应,酯产率反而会下降。

2. 本实验中乙醇用量为理论量的几倍,主要原因是乙醇除作为酯化的原料外,还同时作为对羟基苯甲酸的溶剂使用。没有足够量的乙醇,对羟基苯甲酸就无法完全溶解参加反应。

六、思考题

1. 酯化反应有什么特点?在实验中应该采用哪些措施促使酯化反应向生成物方向进行?

2. 除了硫酸外,还有哪几类物质可作本反应的催化剂?它们各有何优缺点?

3. 精制对羟基苯甲酸乙酯时,重结晶操作步骤是怎样的?请具体说明。

实验三十九　十二醇硫酸钠的合成

一、实验目的

了解一种常用洗涤剂的制备方法;掌握醇类的硫酸酯化反应操作。

二、实验原理及反应式

将醇与氯磺酸反应可生成醇类的硫酸酯,再加入碳酸中和,则可生成钠盐。这种醇类的硫酸钠盐经用正丁醇萃取分离后即为本实验的产品,本实验使用的是十二醇,即月桂醇。产品是十二醇硫酸钠：

$$CH_3(CH_2)_{10}CH_2OH + Cl-\overset{\overset{O}{\|}}{\underset{\underset{O}{\|}}{S}}-OH \longrightarrow CH_3(CH_2)_{10}CH_2O-\overset{\overset{O}{\|}}{\underset{\underset{O}{\|}}{S}}-OH + HCl$$

$$2CH_3(CH_2)_{10}CH_2O-\overset{\overset{O}{\|}}{\underset{\underset{O}{\|}}{S}}-OH + Na_2CO_3 \longrightarrow 2CH_3(CH_2)_{10}CH_2O-\overset{\overset{O}{\|}}{\underset{\underset{O}{\|}}{S}}-ONa + CO_2 + H_2O$$

三、所用试剂
冰醋酸9.5mL，氯磺酸3.5mL，十二醇10g，碳酸钠10g，正丁醇30mL。

四、实验步骤
在三颈烧瓶中，加入9.5mL冰醋酸，在冰浴下将其冷却至5℃。用滴液漏斗慢慢将3.5mL氯磺酸直接加入瓶中，开动搅拌，使两者均匀混合。在10min内慢慢加入10g正十二醇，继续搅拌，至全部正十二醇已溶解并反应完毕为止，时间约30min。将反应物倾入盛有30g碎冰的烧杯中，随即加入正丁醇30mL，搅拌5min。用饱和碳酸钠溶液将反应调至pH7～8，再加入固体碳酸钠10g以助分层。用分液漏斗分出油层，水层再用20mL正丁醇萃取一次，弃去水层。合并萃取液置于蒸馏瓶中，加热至120℃蒸馏回收正丁醇。当蒸馏瓶底物较浓稠时，停止蒸馏，趁热将物料全部倾入搪瓷盆内置于80℃烘箱内，通风干燥，至物料完全固化为止，得到产品十二醇硫酸钠。

十二醇硫酸钠，商品名K12，学名月桂醇硫酸酯钠盐，又称十二烷基硫酸酯钠。它是一种常用的较高级的表面活性剂，其泡沫性、去活力、乳化力、柔软性均较好，且能被生物降解。常用于制作牙膏、香波、浴液等。

五、注意事项
1. 氯磺酸是一种腐蚀性很强的强酸，可灼伤皮肤，取用时应戴橡胶手套。
2. 十二醇是白色粒状固体，为使溶解和反应更易进行，颗粒过大时，可先用玻璃棒或研钵压碎。

六、思考题
1. 制备醇的硫酸酯，除了用氯磺酸外，还有哪些物质可作硫酸化剂？预计反应条件怎样？
2. 冰醋酸在本实验中起何种作用？
3. 中和十二醇硫酸酯为何不用氢氧化钠而使用碳酸钠？

实验四十　甘露糖醇的合成

一、实验目的
通过甘露糖醇的制备熟悉还原反应操作和还原剂$NaBH_4$的性质。

二、实验原理及反应式
甘露糖带有醛基，该醛基在还原剂$NaBH_4$还原下可转化为羟基，这中间经过加入酸，使反应过程中形成的甘露糖醇硼酸酯酸解,最后获得甘露糖醇。这一反应是硼氢化钠还原醛、酮为醇的典型反应。

反应式如下:

$$\begin{array}{c} \text{CHO} \\ \text{HO-C-H} \\ \text{HO-C-H} \\ \text{H-C-OH} \\ \text{H-C-OH} \\ \text{CH}_2\text{OH} \end{array} \xrightarrow[(2)\text{HCl}]{(1)\text{NaBH}_4} \begin{array}{c} \text{CH}_2\text{OH} \\ \text{HO-C-H} \\ \text{HO-C-H} \\ \text{H-C-OH} \\ \text{H-C-OH} \\ \text{CH}_2\text{OH} \end{array}$$

三、所用试剂

甘露糖 4g,硼氢化钠 2g,浓盐酸 7mL,无水乙醇 80mL,乙醚 50mL,石蕊试纸若干。

四、实验步骤

在 250mL 锥形瓶中加入 3.6g 甘露糖,再加入 25mL 蒸馏水,搅匀,使溶解成糖液。然后加入 2g 硼氢化钠,振摇,在电热板上加热升温至 40℃。移去电热板,间隙振摇,让物料反应 30min。接着逐滴慢慢加入浓盐酸,使混合物料对石蕊试纸呈酸性为止。再次添加浓盐酸 5mL,在不时振摇下放置 15min,随即在冰浴中冷却使盐分呈固体析出,真空过滤除去。

滤液收集置于低温挡的电热板上挥发或置于 80℃的烘箱中挥发过夜,此时甘露糖醇产物呈稠度很大的糊状物出现。加入 80mL 无水乙醇,搅拌下加热至沸腾,煮沸 10min。再次真空过滤除去不溶于乙醇的杂质。在滤液中加入乙醚,直至白色沉淀开始生成,最后再加入 15mL 乙醚,将物料慢慢冷却,让白色的甘露糖醇结晶析出。放置过夜,真空过滤收集滤渣,即为产物甘露醇。

五、注意事项

1. 硼氢化钠还原为糖的反应在室温下进行得很慢,故要加热升温至 40℃进行反应。加热装置可用电热板,也可用电热套或水浴,但要注意不可局部过于高温,以免焦化。

2. 甘露糖醇结晶速度较慢,实验时虽然可看到有白色沉淀生成,但量较少。放置过夜后才可收集到一定量的滤渣(产物)。

六、思考题

1. 为什么甘露糖还原后,还要加入过量的浓盐酸,它的作用是什么?
2. 为什么甘露糖醇必须要那么高的温度和那么长的时间干燥?
3. 如果用硼氢化钠将果糖还原,产物是什么?

实验四十一 格氏(Grignard)试剂的合成及应用

一、实验目的

学习格氏试剂的制备方法;认识格氏试剂在有机合成中的应用。

二、实验原理及反应式

把镁屑放在无水乙醚中,滴加卤代烷即可生成格氏试剂。本实验用溴乙烷制备格氏试剂乙基溴化镁，反应式如下：

$$C_2H_5Br + Mg \xrightarrow{无水乙醚} C_2H_5MgBr$$

格氏试剂性质十分活泼，能与多种含活性氢的化合物或含活泼官能团的化合物反应，生成烃、醇、醛、羧酸等化合物。本实验用格氏试剂与丙酮反应制备叔醇，反应式如下：

$$C_2H_5MgBr + H_3C-\overset{O}{\underset{}{C}}-CH_3 \xrightarrow[2)水解]{1)加成} H_3C-\underset{C_2H_5}{\overset{OH}{\underset{|}{C}}}-CH_3$$

三、所用试剂

无水乙醚 55mL，普通乙醚 20mL，丙酮 5mL，无水溴乙烷 7mL，镁屑（经擦去氧化表皮）1.2g，金属钠 3g，10%硫酸亚铁溶液 10mL，无水氯化钙 50g，无水碳酸钠 4g，浓硫酸 20mL。

四、实验步骤

（一）乙醚的精制

普通乙醚常含有少量的水、乙醇和过氧化物，在用于制备格氏试剂前应进行精制。具体操作是，在分液漏斗中放入 250mL 乙醚，用 10%硫酸亚铁溶液 10mL 洗涤。分出醚层，再用水洗涤多次至洗出水清亮为止。分出醚层，再用无水氯化钙 50g 干燥过夜，倾出清亮的醚液于三颈瓶中，投入沸石，装上回流冷凝管，用滴液漏斗慢慢滴入 20mL 浓硫酸，控制滴加浓硫酸的速度，务使乙醚保持在回流状态中。浓硫酸加完后，把回流装置换成蒸馏装置，用热水浴将乙醚从三颈瓶中蒸出来，贮存于干燥的细口瓶中，装入 2~3g 钠丝，用插有氯化钙干燥管的软木塞塞好，放置 24h，直至乙醚中无气泡产生为止。塞紧瓶口，备用。

（二）乙基溴化镁的制备

按图 4-3 安装好制备装置。其中三颈瓶、冷凝管和分液漏斗要求干燥无水。三颈瓶在加料前用电炉隔空气烘热 10min，以排走潮湿空气。将 1.2g 镁屑、20mL 无水乙醚加入三颈瓶中，另将 7g 无水溴乙烷和 20mL 无水乙醚加入分液漏斗中混合均匀后，放出 3~4mL 混合液进入三颈烧瓶中，此时看到溶液中有气泡产生，随后有白色絮状物生成，表明反应已经开始，再把剩余的混合溶液缓缓滴入烧瓶中，开动磁搅拌。控制混合液的加入速度，使乙醚保持微沸。加完后，用温水浴加热，至镁屑全部溶解，生成格氏试剂乙基溴化镁。

（三）制备 2-甲基-2-丁醇

将三颈瓶物料用冰水浴冷却至 20℃以下，补加无水乙醚 20mL，在磁搅拌下滴加由 5mL 丙酮和 15mL 无水乙醚组成的混合溶液。控制滴加速度，使保持乙醚微沸。加完混合溶液后，再搅拌 15min，此时瓶中应有灰白色和灰黑色黏稠状物体析出。

在冰水浴冷却和搅拌下，自滴液漏斗

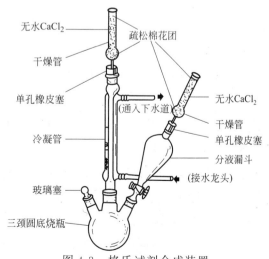

图 4-3 格氏试剂合成装置

中加入 35mL 20％硫酸溶液。加完后将三颈瓶中的所有物料倒入分液漏斗中，分出醚层。水层用 20mL 乙醚分两次萃取。合并醚层和萃取液，用 30mL 5％Na_2CO_3 溶液洗涤，加入无水碳酸钠 4g，干燥过夜。

滤去碳酸钠，滤液用热水浴蒸去乙醚，然后蒸馏，收集 100~105℃的馏分。产量约 5g。

2-甲基-2-丁醇是一种叔醇。如果使用其他方法合成，需要特别的原料。本法原料易得但操作要求严格。本品的沸点为 120℃，折射率 n_D^{20} 1.4052。

五、注意事项

1. 格氏试剂十分活泼，能与水、二氧化碳和氧起作用，故使用时必须隔绝空气和潮气。反应所用的仪器必须严加干燥，所用试剂溶剂也必须不含水或者说是无水的。反应过程中，反应瓶必须装上氯化钙干燥管防潮。瓶内空气也应和物料隔开，为此通过让乙醚回流而达到这一目的。

2. 本反应使用大量乙醚，而乙醚极易着火。故要特别小心，勿使乙醚靠近明火。

3. 镁在空气中放久了易在表面生成一层氧化物。为了能顺利制取格氏试剂，可先用细砂纸将镁条表面擦光亮，去掉氧化层，然后剪碎，成镁屑备用。使用前最好用水、乙醇、乙醚洗涤。

六、思考题

1. 请设计一种不使用格氏试剂制备 2-甲基-2-丁醇的方法，并将这种方法与格氏试剂法（本法）进行比较，找出它们各自的优缺点。

2. 请归纳本实验中最需要注意的问题。

3. 本实验使用含水丙酮和普通乙醚来制备格氏试剂及 2-甲基-2-丁醇，预料将会出现什么现象？为什么？

4. 提取 2-甲基-2-丁醇时，所用的乙醚是无水乙醚还是普通乙醚？为什么？

实验四十二 乙酰乙酸乙酯的合成

一、实验目的

学会用 Claisen 缩合反应，制备乙酰乙酸乙酯。巩固减压蒸馏及无水操作。

二、实验原理及反应式

含有 α-氢的酯在碱性催化剂存在下，能和另一分子的酯发生酯缩合反应，生成 β-羰基酸酯。

$$2CH_3COOC_2H_5 \xrightarrow{C_2H_5ONa} Na^+[CH_3COCHCOOC_2H_5]^- \xrightarrow{HAc} CH_3COCH_2COOC_2H_5 + NaAc$$

三、所用试剂

金属钠 5g，二甲苯 25mL，乙酸乙酯 55mL，50％醋酸溶液适量，饱和氯化钠溶液 75mL，无水硫酸钠 2g。

四、实验步骤

在干燥的 250mL 圆底烧瓶中放入 5g 金属钠和 25mL 二甲苯，装上冷凝管，加热使钠熔触。拆去冷凝管，将圆底烧瓶用橡皮塞子塞紧，振摇，即得粒状钠珠。稍经放置钠珠即沉于瓶底，将二甲苯倾出，并迅速加入 55mL 乙酸乙酯，重新装上冷凝管，并在其顶端装一氯化钙干燥管。反应立即开始，并有氢气泡逸出。如反应很慢，可稍加温热，待激烈反应过后，在石棉网上用小火加热，保持微沸。直至所有金属钠全部反应完毕（约1.5h），此时，得到乙酰乙酸乙酯钠盐，为橘红色透明溶液（有时析出黄白色沉淀）。待反应物稍冷后，在振摇下加入 50% 醋酸，直至反应液呈弱酸性为止。这时所有的固体物质都已溶解。将反应物移入分液漏斗，加入 75mL 的饱和氯化钠溶液，用力振摇，经放置后乙酰乙酸乙酯全部析出。分离，用 2g 无水硫酸钠干燥，然后滤入蒸馏瓶，并以少量乙酸乙酯洗涤干燥剂。在沸水浴上蒸去未反应的乙酸乙酯后，将瓶内物移入 30mL 克氏蒸馏瓶中进行减压蒸馏，如在常压下蒸馏，乙酰乙酸乙酯易分解。

减压蒸馏时加热须缓慢，待残留的低沸物蒸出后，再升高温度，收集乙酰乙酸乙酯，产量 12~14g。

纯乙酰乙酸乙酯沸点为 180.4℃，折射率 n_D^{20} 1.4192。本实验约需 8h。

五、注意事项

1. 金属钠遇水即燃烧、爆炸，故使用时应严格防止与水接触。在称量及切片过程应迅速。金属钠大小会影响反应速度，故应用压钠机压成钠丝，或用小刀切成细条，移入粗汽油中，需要反应时，再移入反应瓶。

2. 乙酸乙酯必须绝对干燥。提纯方法，是将普通乙酸乙酯用饱和氯化钙溶液洗涤数次，再用熔焙过的无水碳酸钠干燥，在水浴上蒸馏，收集 76~78℃ 馏分。

3. 约需 30mL 的 50% 醋酸。中和时开始有固体析出，继续加酸并不断振摇，固体会逐渐消失，最后得到澄清的液体。如尚有少量固体未溶解时，可加少许水使之溶解，但应避免加入过量醋酸，否则会增加酯在水中的溶解度而降低产量。

4. 乙酰乙酸乙酯沸点与压力的关系如下。

压力/Pa	$101×10^3$	$10.6×10^3$	$7.9×10^3$	$5.3×10^3$	$3.9×10^3$	$2.6×10^3$	$2.4×10^3$	$1.86×10^3$	$1.6×10^3$
沸点/℃	181	100	97	92	88	82	78	74	71

六、思考题

1. 什么叫 Claisen 酯缩合反应？历程如何？苯甲酸乙酯和丙酸乙酯之间发生缩合，将得到什么产物？
2. 本实验中加入 50% 醋酸和饱和氯化钠溶液目的何在？
3. 使用金属钠，要注意什么？
4. 为什么与羰基相连碳原子上的氢显酸性？

实验四十三 喹啉的合成

一、实验目的

学会用 Skraup 反应制备喹啉的方法。巩固回流、水蒸气蒸馏、减压蒸馏等操作。

二、实验原理及反应式

喹啉是由苯胺、无水甘油、浓硫酸及硝基苯等一起加热制得。浓硫酸使甘油脱水生成丙烯醛，然后丙烯醛与苯胺加成再脱水成环，硝基苯将成环产物 1,2-二氢喹啉氧化成喹啉，反应如下：

$$CH_2OHCHOHCH_2OH \xrightarrow{H_2SO_4} CH_2=CH-CHO$$

三、所用试剂

无水甘油 38g，结晶硫酸亚铁 4g，苯胺 9.3mL，硝基苯 6.7mL，浓硫酸 18mL，30%氢氧化钠溶液适量，亚硝酸钠 3g，碘化钾-淀粉试纸若干，乙醚 50mL。

四、实验步骤

在 500mL 圆底烧瓶中，称取 38g 无水甘油，再依次加入 4g 结晶硫酸亚铁，9.3mL 苯胺及 6.7mL 硝基苯。充分混合后，在摇动下缓缓加入 18mL 浓硫酸，装上冷凝管，在石棉网上用小火加热。当溶液刚开始微沸时，立即移去火源（如反应太激烈，可用湿布敷于烧瓶上冷却）。待反应缓和后，再用小火加热，保持反应混合物沸腾约 2h。

稍冷后，进行水蒸气蒸馏，除去未反应的硝基苯，直至馏出液不显浑浊为止（约收集 100mL 馏出液）。瓶中残留物稍冷后，加入 30%氢氧化钠溶液，中和反应混合物中的硫酸，使溶液呈碱性。再进行水蒸气蒸馏，蒸出喹啉及未反应的苯胺，直至馏出液变清为止（约收集 450mL 馏出液）。

将含喹啉与苯胺的馏出液先用浓硫酸酸化（约 10mL），待一切油状物全部溶解后，冷却溶液至 0～5℃。慢慢加入由 3g 亚硝酸钠和 10mL 水配成的溶液，直至取一滴反应液使淀粉-碘化钾试纸立即变蓝为止（由于重氮化反应在接近完成时，反应变得很慢，故应在加入亚硝酸钠溶液 2～3min 后再检验是否有亚硝酸存在）。此时，苯胺已被重氮化为硫酸重氮苯，而喹啉仍为硫酸喹啉。

将混合物在沸水浴上加热 15min，至无气体放出为止。硫酸重氮苯被分解成为苯酚，冷却后，用 30%氢氧化钠溶液碱化，使苯酚成为钠盐而硫酸喹啉转变为喹啉，继而用水蒸气蒸馏将喹啉蒸出。馏出液中分出油层，水层用 50mL 乙醚分两次萃取。合并油层及乙醚萃取液。用氢氧化钠干燥过夜。蒸去乙醚后直接加热蒸馏，收集 234～238℃ 的馏分，或在减压下蒸馏收集 110～114℃/1862Pa、118～120℃/2660Pa 的馏分，可以得到无色透明产品，产量 8～10g。纯喹啉沸点为 238.05℃，折射率 n_D^{20} 1.6268。本实验约需 12h。

五、注意事项

1. 试剂必须按所述次序加入，切勿将浓硫酸在硫酸亚铁之前加入混合物中，否则反应将立即开始且不易控制，此时反应物甚至会从瓶中冲出或引起猛烈的爆炸。

2. 此为放热反应，溶液微沸，表示反应已开始。如继续加热，则反应过于激烈，会使溶液冲出容器。

3. 本实验所用甘油的含水量不应超过 0.5%（$d=1.26$）。如甘油中含水量较大，喹啉产量低。可将普通甘油在通风橱内置于瓷蒸发皿中加热至 180℃，冷至 100℃ 左右，放入盛有硫酸的干燥器中备用。

4. 本实验加入硫酸亚铁是防止反应物之间的迅速氧化,减缓反应的剧烈程度。

六、思考题

1. 为了除去喹啉粗产物中未反应的苯胺,除用本实验采用的方法外,还有什么方法? 试简述之。

2. 在本实验中,如用对甲苯胺和邻甲苯胺代替苯胺作原料,会得到什么产物?

3. 为什么要在粗产物中除去未反应的硝基苯?

实验四十四 己内酰胺的合成

一、实验目的

掌握肟进行 Beckmann 重排反应生成酰胺的实验方法。巩固抽滤、减压蒸馏等操作。

二、实验原理与反应式

环己酮与羟胺作用生成肟,肟在酸性催化剂如硫酸的作用下发生分子重排生成己内酰胺,反应式如下:

$$
\text{环己酮} + NH_2OH \longrightarrow \text{环己酮肟} + H_2O
$$

$$
\text{环己酮肟} \xrightarrow{85\% H_2SO_4} \text{中间体} \xrightarrow{20\%\text{氨水}} \text{己内酰胺}
$$

三、所用试剂

羟胺盐酸盐 14g,结晶醋酸钠 20g,环己酮 14g,85%硫酸溶液 20mL,20%氨水适量(约 60mL)。

四、实验步骤

1. 环己酮肟的制备

在 250mL 锥瓶中,将 14g 羟胺盐酸盐及 20g 结晶醋酸钠溶解在 60mL 水中,温热使溶液达到 35~40℃。每次 2mL 分批加入 14g 环己酮,边加边摇动,此时即析出固体。加完后,用橡皮塞塞住瓶口,激烈摇动 2~3min,环己酮肟呈白色粉状结晶析出,如此时环己酮肟呈白色小球状,则表示反应未完全,须继续振摇。冷却后,抽滤并用少量水洗涤,抽干后,在滤纸上进一步压干。干燥后的环己酮肟为白色晶体,熔点 89~90℃。

2. 环己酮肟重排制备己内酰胺

在 800mL 烧杯中放置 10g 环己酮肟及 20mL 85%硫酸,旋动烧杯使二者很好混溶。由于重排反应进行得很激烈,大烧杯有利于散热,使反应缓和。在烧杯内放一支 200℃ 温度计,用小火加热,当开始有气泡时(约 120℃),立即移去火源,此时发生强烈的放热反应,温度很快自行上升(达 160℃),反应在几秒钟完成。稍冷后,将此溶液倒入 250mL 三颈瓶中，并在冰盐浴冷却。三颈瓶上分别装置搅拌器、温度计及滴液漏斗。当溶液温度下降至 0～5℃时，在不停搅拌下小心滴入 20％氨水铵溶液，控制溶液温度在 20℃以下，以免己内酰胺在温度较高时发生水解，直至溶液恰对石蕊试纸呈碱性，通常要加约 60mL 20％氨水，1h 加完。

粗产物倒入分液漏斗中，分出水层，油层转入 30mL 克氏烧瓶，进行减压蒸馏，收集 127～133℃/7mmHg 馏分，馏出物在接收瓶中固化成无色结晶，熔点 69～70℃，产量 5～6g，产率约 50％～60％。

己内酰胺易吸潮，应储存于密闭容器中，本实验约需 8～10h。

五、注意事项

用氨水中和时，开始要加得很慢，因此时溶液发黏，发热很厉害，否则温度会突然升高，影响产率。

六、思考题

1. 制备环己酮肟时，为什么要加入结晶醋酸钠？
2. 用氨水中和多余的硫酸时，要注意什么？
3. 反式甲基乙基酮肟 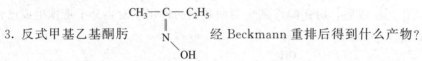 经 Beckmann 重排后得到什么产物？

实验四十五 燃烧法鉴定几种塑料和纤维

一、塑料的鉴定

塑料的鉴别一般根据硬度、轻轻敲打的声音和燃烧的情况来鉴定，本实验采用燃烧法鉴定。表 4-1 列出了几种塑料的燃烧情况。

表 4-1 几种塑料的燃烧情况

聚合种类	燃烧情况	火焰颜色	嗅味
聚乙烯	易燃，烧时熔融滴下，离火后继续燃烧	上部黄色，根部蓝绿色	石蜡燃烧气味
聚氯乙烯	难燃，烧时软化，离火后熄灭，余灰，有烟	黄色，根部绿色	氯化氢气味
聚苯乙烯	易燃，烧时有黑烟，空中有炭灰，离火后仍能燃烧	橙色火焰	有芳香气味
酚醛塑料	难燃，烧时膨胀起裂，离火即熄	黄色，有火星	木材焦味及药味
有机玻璃	易燃，烧时软化，溅火星，离火后可继续燃烧	浅蓝色火焰，焰端带白色	强烈花果香甜味
赛璐珞	燃烧极猛烈，离火后继续燃烧，有黑烟	炫目的白色火焰，带烟	有樟脑臭味

二、纤维的鉴定

化学纤维纺织品种类繁多，鉴别的方法也有很多种，简单易行的有燃烧法。表 4-2 列出了几种纤维的燃烧情况。

各种化学纤维以及天然纤维在燃烧时速度的快慢、灰烬的形状和产生的气味不一样，鉴别时可从织物上取出几根经纱和棉纱，再从这几根纱里抽取一些单纤维，用火点燃，观察它们燃烧时的情况，这样可辨别出是哪一种纤维做成的织物。

表 4-2　几种纤维的燃烧情况

纤维	燃 烧 特 征
棉	延燃很快,产生黄色火焰,有烧纸的气味,灰末细软呈深灰色
丝	燃烧比较慢,烧时缩成一团,有烧头发的臭味,烧后成黑色小球,用手指一压就碎
黏胶纤维	延燃起来很快。产生黄色火焰,有燃烧纸的气味,灰烬极少,呈深灰色或淡灰色
锦纶	燃烧时没有火焰,稍有芹菜气味,纤维迅速卷缩、熔融,成为白色胶状物,趁热可拉成丝,冷成为坚韧的浅褐色硬球
涤纶	点燃时纤维先卷缩,熔融,然后再燃烧,燃烧时火焰呈黄色,很亮,黑烟,但不能延燃,灰烬成黑色硬块,不能用手指压碎
腈纶	点燃后能延燃,但比较慢,火焰旁边的纤维先软化、熔融然后再起燃,有辛酸气味,燃后成脆性的小黑硬球
维纶	燃烧时纤维发生大收缩,同时发生熔融,不延燃。开始纤维顶端有一火焰,待纤维都融化成胶状物之后,就烧成熊熊火焰,有浓色黑烟,燃烧后剩下黑色小块,可用手指压碎

实验四十六　苯乙烯与二乙烯苯的悬浮共聚

一、实验目的
学习悬浮共聚的基本原理，掌握共聚合的实验操作及方法。

二、实验原理及反应式
把两种单体放在一起聚合，所得到的聚合物是包括两种单体链节的聚合物，称共聚物，这种反应称共聚反应。通过共聚反应可改进高聚物的性能。

本反应以苯乙烯为第一单体（形成主链），配以少量第二单体二乙烯苯（交联剂），在引发剂存在下发生共聚反应，形成交联共聚珠体。这是常用离子交换树脂的骨架之一。

反应如下：

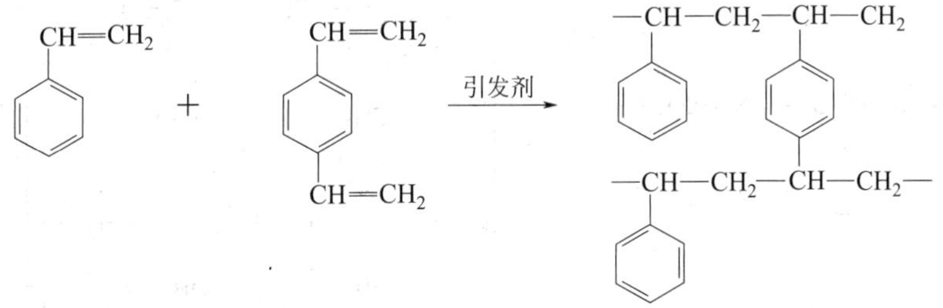

三、所用试剂
苯乙烯 27mL，45%二乙烯苯 1.5mL，过氧化二苯甲酰 0.25g，1.5%明胶溶液 100mL。

四、实验步骤
在 250mL 三颈瓶上，装上温度计、电动搅拌器及回流冷凝管。在瓶内投入 1.5%明胶溶液 100mL，开动搅拌，水浴升温至 50℃。

另将 27mL 苯乙烯和 1.5mL 45%二乙烯苯以及 0.25g 过氧化二苯甲酰加入一小烧瓶中。将此物料搅拌溶解成均匀溶液后倒入盛有明胶的三颈瓶中，继续搅拌，升温至 90℃，激烈搅拌保温半小时,再升温至水浴用水沸腾,保温1h。卸下三颈瓶,冷却,出料。珠体经过滤,水洗,干燥即为产品。

五、注意事项

1. 本实验采用明胶为悬浮分散剂,它的作用是将单体分隔成小珠滴,防止珠体黏结成块,明胶用量不宜过多,否则单体分散过细,会成乳液,固化后珠体也过小。除明胶外,聚乙烯醇也是常用的悬浮分散剂。

2. 聚合过程中,切忌停止搅拌,否则会使聚合物结成块。

六、思考题

1. 什么是悬浮共聚,它的基本组成是什么?
2. 悬浮共聚中分散剂的作用是什么?

实验四十七 苯酚甲醛的缩聚反应

一、实验目的

学习和掌握缩聚反应的基本原理和操作方法。

二、实验原理及反应式

合成酚醛型离子交换树脂一般有二法,其一是将磺化苯酚在酸性溶液中与甲醛起缩聚反应,其二是使苯酚在酸性溶液中与甲醛起缩聚反应后,再进行磺化而得。此二法的产物都是块状树脂,要经过机械压碎过筛后才能应用。

本实验先使亚硫酸钠、亚硫酸氢钠、苯酚与甲醛缩聚反应,同时磺化,第一步制成浆状树脂,然后倒入含有分散剂的非极性有机溶剂内,调节温度和搅拌速度,制得球状树脂。

三、所用试剂

苯酚16g,亚硫酸钠5.6g,亚硫酸氢钠4.7g,37%甲醛溶液37mL,1%聚苯乙烯四氯化碳溶液150mL。

四、实验步骤

1. 制备浆状树脂

称取16g苯酚,5.6g无水亚硫酸钠和4.7g亚硫酸氢钠混合均匀后放入250mL三颈瓶中。开动搅拌,滴加37%甲醛溶液37mL,保持温度20~30℃,如温度升高,则用冷水冷却,加完后(约 0.5h)在 90~95℃下加热约 1h,当树脂成浆状即取出。

2. 成球操作

在 250mL 三颈瓶中,先倒入含 1%聚苯乙烯的四氯化碳溶液 150mL,在搅拌下倾入上一步制备的浆状树脂,调节搅拌速度,使油珠大小适中。加热,将少量四氯化碳恒沸物蒸出(蒸出速度约 60mL/h)。由于水分逐渐消失,温度升高至瓶中发生泡沫时,树脂反应加剧,表示球珠开始硬化了,此时加快搅拌速度,并改装成回流装置,保持 135℃,回流 1h,冷却过滤,得褐红色产品约 12~14g。

五、注意事项

在成球操作中,搅拌及搅拌速度十分重要,不可停止搅拌。

六、思考题

1. 苯酚甲醛缩聚反应的基本原理是什么?
2. 本实验操作中应注意什么?

实验四十八　醋酸乙烯酯乳液聚合——白乳胶制备

一、实验目的

学习聚醋酸乙烯酯乳胶的合成原理和方法,加深对乳液聚合的理解。

二、实验原理及反应式

乳液聚合是聚合反应方法之一,它是借助乳化剂(本实验为 OP-10)的作用和机械搅拌将单体(醋酸乙烯酯)分散在介质(聚乙烯醇水溶液)中形成乳状液。并在引发剂(过硫酸钾)作用下进行的聚合反应。本实验的反应产物即为聚醋酸乙烯酯,不必分离即可用作黏合剂。

$$n\text{CH}_2=\underset{\text{OCOCH}_3}{\text{CH}} \xrightarrow[\text{(引发)}]{\text{过硫酸钾}} -(\text{CH}_2-\underset{\text{OCOCH}_3}{\text{CH}})_n-$$

三、所用试剂

8%聚乙烯醇溶液(水解度 88%)30mL,醋酸乙烯酯 23mL,10%过硫酸铵溶液 1mL,OP-10 乳化剂 1mL,辛醇(必要时用)。

四、实验步骤

在装有机械搅拌、回流冷凝管及加料漏斗的三颈瓶中(如图 4-4 所示),装入 8%聚乙烯醇溶液 30mL,OP-10 乳化剂 1mL。水浴加热升温至 70℃,然后从冷凝管上口加入第一批引发剂 10%过硫酸钾溶液 0.4mL,接着以每分钟 10 滴的速度连续滴加醋酸乙烯酯单体,不断搅拌,70℃保温,直至全部单体加完为止。其间如泡沫太多可滴加 1~2 滴辛醇消泡。引发剂采用间歇滴加方式投料,每隔 0.5h 加 2 滴,以保证聚合反应能正常进行。单体加完后,缓慢升温至 80℃,不断搅拌,保温 0.5h,再升温至 90℃,保温 0.5h,最后升温至 95℃,保温 20min。将水泵接通冷凝管上口,

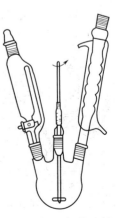

图 4-4　白乳胶的制备装置

抽吸排除未聚合的残留单体,冷却后即可出料。

聚醋酸乙烯酯俗称白乳胶,是一种对木材、纸张和布料有良好的黏合力的胶黏剂,常用于家具制造。外观为乳白色高黏稠状液体。

五、注意事项

1. 整个实验过程,机械搅拌不可停顿,否则聚醋酸乙烯酯会凝结成块团析出。
2. 选用聚乙烯醇十分重要,如果聚乙烯醇水解度过高,则乳液体系不稳定,聚醋酸乙烯酯易结块析出。水解度以 $86\%\sim88\%$ 为适当。
3. 过硫酸钾溶液最好现配现用。过硫酸钾水溶性不理想,若改用过硫酸铵则可克服这一缺点。

六、思考题

1. 为什么本实验的单体和引发剂都采用逐步添加的方式投料?可否一次性投料?
2. 在本实验中,聚乙烯醇起何种作用?
3. 聚合反应的引发剂有哪几类?为何本实验使用过硫酸盐为引发剂?

实验四十九 有机玻璃的解聚

一、实验目的

通过有机玻璃的热裂解,学习高聚物的裂解反应和操作。

二、实验原理

降解反应是指高分子链被分裂成为链的较小部分的反应过程。降解反应用于天然高分子可由蛋白质制取氨基酸;应用于合成高分子可以回收某些单体,制取新型聚合物。

聚合物主链降解可以有三种情况:主链上任意点发生断裂的无规降解,单体有规则地从主链末端不断脱落下来的解聚反应以及上两种反应的协同作用。

有机玻璃的解聚产物主要是其单体——甲基丙烯酸甲酯,此外,还有少量低聚物,甲基丙烯酸以及作为增塑剂加进去的邻苯二甲酸酯类的热分解产物。

三、所用试剂

有机玻璃 50g,浓 H_2SO_4 1~2mL,饱和 Na_2CO_3 适量,饱和食盐水适量,无水 Na_2SO_4 适量。

四、实验步骤

1. 称取 50g 有机玻璃边角料放入 250mL 三颈瓶中,用电热套加热至 200℃(装置如图 4-5 所示),控制升温速度,以保证裂解产物逐滴流出。当瓶内温度达 350℃时,解聚反应已接近完全,此时应停止加热,取下接收器。
2. 将上述的裂解粗产物进行水蒸气蒸馏。然后将水蒸气馏出物置于 150mL 分液漏斗中,分去水层,加入浓 H_2SO_4 1~2mL,以洗去单体中不饱和烃及醇类杂质。再用 20mL 蒸馏水洗 2 次

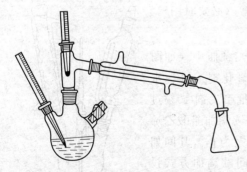

图 4-5 有机玻璃解聚装置

以除去大部分酸,然后用饱和 Na_2CO_3 溶液洗一次,最后用饱和食盐水将单体洗至中性,

用无水 Na_2SO_4 干燥得产品。

五、注意事项
有机玻璃边角料在反应前须进行粉碎处理。

六、思考题
1. 裂解温度的高低及裂解速度的大小对产品的质量有什么样的影响？
2. 写出浓 H_2SO_4 与单体中的杂质烯烃和醇的反应式，说明它们是如何被除去的？

第五部分
有机化合物的分离、定性鉴定和定量测定

实验五十　柱色谱

一、实验目的
学会用柱色谱法分离有机化合物。

二、实验原理
本实验分离偶氮苯和邻硝基苯胺，用中性氧化铝为吸附剂。吸附剂对偶氮苯的吸附作用较弱，在洗脱过程中，会首先被洗脱，达到分离目的。洗脱剂用1∶1的苯-石油醚。

三、所用试剂
无水苯300mL，石油醚200mL，邻硝基苯胺50mg，偶氮苯50mg，乙醇200mL，氧化铝适量。

四、实验步骤
用25mL酸式滴定管作色谱柱，垂直装置，以25mL锥形瓶作洗脱液的接收器。

用镊子取少许脱脂棉，放于干净的色谱柱底部，轻轻塞紧，再在脱脂棉上盖一层厚0.5cm的石英砂（或用一张比柱内径略小的滤纸代替），关闭活塞。向柱中倒入无水苯至柱高约3/4处，打开活塞，控制流出速度为每秒1滴。通过一干燥的玻璃漏斗慢慢加入色谱用中性氧化铝，用木棒或带橡皮塞的玻棒轻轻敲打柱身下部，使填装紧密。装柱至3/4时，再在上面加一层0.5cm的石英砂。操作时一直保持上述流速，注意不能使液面低于砂子的上层。

当溶剂液面刚好流至石英砂面时，立即沿柱壁加入2mL含有50mg邻硝基苯胺及50mg偶氮苯的苯溶液，加入时应用移液管或滴管。当此液面将近流至石英砂面时，立即用0.5mL无水苯洗下管壁的有色物质，如此连续2~3次，直至洗净为止。然后在色谱柱上端开口处塞进带孔塞子，塞子上插入滴液漏斗。滴液漏斗中装入1∶1的苯-石油醚溶液，作为洗脱剂。控制洗脱流出速度为每秒1滴。

橙红色的偶氮苯因极性小向柱下移动，极性较大的邻硝基苯胺则留在柱的上端。当橙红色的色带快洗出时，更换另一个接收器，继续淋洗，至滴出液近无色为止。换一接收器，改用乙醇为洗脱剂，至黄色开始滴出时，用另一接收器收集，至黄色物洗下为止。将上述含有偶氮苯和邻硝基苯胺的溶液，分别蒸除洗脱剂，快蒸干时，转移至蒸发皿中，在水浴上蒸干（或用红外灯烘干），得固体结晶产物，干燥后测熔点。偶氮苯熔点67~68℃，邻硝基苯胺熔点为71~71.5℃。本实验约需4~6h。

五、注意事项
1. 色谱柱填装紧密程度会影响分离效果。若柱中留有气泡或各部分松紧不匀或断层，会影响渗滤速度和显色的均匀。

2. 为了保持柱子的均一性，使整个吸附剂浸泡在溶剂或溶液中是必要的。否则当柱中溶剂或溶液流干时，就会使柱身干裂，影响渗滤和显色的均一性。

3. 邻硝基苯胺极性较大，要用极性稍强的溶剂洗脱。若用极性稍强的甲醇，则洗脱速度可快些。有时为洗脱分离极性相近的化合物，需按不同比例配制极性不同的混合溶剂作洗脱剂。

六、思考题

1. 柱子中留有空气或填装不匀，会怎样影响分离效果？如何避免？
2. 为什么极性大的组分要用极性大的溶剂洗脱？

实验五十一 薄层色谱法

一、实验目的

掌握薄层色谱的基本原理及其在有机物分离中的应用。

二、实验原理

有机混合物中各组分对吸附剂的吸附能力不同，当展开剂流经吸附剂时，有机物各组分会发生无数次吸附和解吸过程，吸附力弱的组分随流动相迅速向前，而吸附力强的组分滞后，由于各组分不同的移动速度而使得它们得以分离。物质被分离后在图谱上的位置，常用比移值 R_f 表示。

$$R_f = \frac{\text{原点至层析斑点中心的距离}}{\text{原点至溶剂前沿的距离}}$$

R_f 值的大小与物质结构、溶剂系统、滤纸种类、温度、pH 值、时间等有关，但在同样条件下，R_f 值只和各物质的分配系数有关。因此，用 R_f 来进行比较，就可以鉴定出混合样品中的不同物质。

三、所用试剂

5.0cm×15.0cm 硅胶层析板两块，卧式层析槽一个，点样用毛细管，展开剂为（9∶1）石油醚∶乙酸乙酯，样品为偶氮苯、苏丹Ⅰ及其混合物。

四、实验步骤

1. 薄层板的制备

称取 2～5g（200 目）层析用的硅胶，加入适量的蒸馏水调成糊状，等待石膏开始固化时，再加少许蒸馏水，调成匀浆，然后平均摊匀在两块 5.0cm×15cm 的层析玻璃板上，再用轻轻振敲的办法使其涂布均匀，固化后，经 105℃烘烤活化 1h，贮于干燥器内备用。

2. 点样

在层析板下端 2.0cm 处，用铅笔轻轻划一起始线，并在点样处用铅笔作一记号为原点，取毛细管三根，分别蘸取偶氮苯、苏丹Ⅰ及混合物样品，点于各原点记号上（注意点样用的毛细管不能混用，毛细管不能将薄层板表面弄破，样品斑点直径在 1～2mm 为好）。

3. 展开

将点样后的层析板放入盛有 30～40mL 展开剂的卧式层析槽中，让展开剂约浸至层析板的 0.5cm 处，加上密封盖，进行展开，待展开剂的前沿距原点 10cm 处时，取出层析板，用铅笔划出溶剂前沿线，晾干。

4. 定位及定性分析

用铅笔将各斑点框出，并找出斑点中心，用小尺量出各斑点到原点的距离和溶剂前沿线到起始线的距离，然后计算各样品的比移值并定性确定混合物中各物质名称。

五、注意事项

1. 点样时，注意不要让毛细管破坏薄层板表面。
2. 点样时，样品的斑点直径控制在 1~2mm 为好。
3. 展开时，展开剂不可浸过点样点。

六、思考题

1. 影响比移值的因素有哪些？
2. 为什么展开剂不可浸过点样点？
3. 在展开操作中应注意哪些事项？

实验五十二 氨基酸的纸色谱

一、实验目的

学会纸色谱的操作方法，学习混合氨基数的分离和鉴定。

二、实验原理

纸色谱是分配色谱的一种，它以滤纸作为惰性支持物。纸纤维上的羟基具有亲水性，因此能使纸吸附水作为固定相，通常把有机溶剂即展开剂作为流动相。样品的各组分在水或有机溶剂中的溶解能力各不相同，于是各组分在两相之中产生了不同的分配现象。亲油性强的成分在流动相中分配得多一些，随流动相移动速度会快一些。相反，亲水性的成分在固定相分配得多一些，随流动相移动速度就慢一些。当溶剂从点样的一端向另一端展开时，样品就在流动相和固定相之间不断地被抽提、分配，从而使不同的物质得到分离。物质被分离后在纸色谱图谱上的位置，也比移值 R_f 表示。

本实验用标准氨基酸作出纸色谱和 R_f 值，与在相同条件下作出的混合物的纸色谱和 R_f 相对照，以达到分离、鉴定氨基酸的目的。

氨基酸经纸色谱后，用茚三酮显色。

三、所用试剂

0.03mol/L 甘氨酸 1mL，0.03mol/L 丙氨酸 1mL，0.03mol/L 异亮氨酸 1mL，95％乙醇 150mL，乙酸 1mL，茚三酮 0.2g。

四、实验步骤

（一）滤纸的制作

取新华一号滤纸裁成 10cm×16cm 长条。用铅笔在离底边 2cm 处画一横线，作为点样线。在点样线上每隔 2cm 画一点样标记"×"，即共画在线上四个"×"。

必须注意，在准备滤纸条的过程中，不能用手触及滤纸，因手上有少量氨基酸会被检出，故必须用镊子夹着纸的点样线对面的一端。

（二）点样

以 0.03mol/L 的甘氨酸、丙氨酸和亮氨酸作为标准氨基酸溶液，等量的三种氨基酸的混合溶液作为氨基酸混合物的试样。

用毛细管吸取试样,点在点样线的"×"上。每点一种试样,必须换一根干净的毛细管,以防试样相互污染。试样斑点的直径约为 0.5cm,不宜过大。

将滤纸放在空气中晾干斑点。为便于检出,可将试样重复点一次,样品斑点必须充分干燥,否则在实验结束时,将会出现污迹。

(三) 展开

在色谱缸或广口瓶中进行,将滤纸卷成圆筒状,垂直放入瓶中,点样线距离瓶底 2~3cm。

取乙醇、水、乙酸以 50∶10∶1 的体积比混合作为展开剂。取新配制的展开剂 15mL,通过一个长颈漏斗,加到瓶的底部(注入的展开剂以不浸没样品斑点为限度),小心取出漏斗,不要接触滤纸或把溶剂滴到滤纸上。盖住瓶口,记下时间,展开过程约需 1.5h。用镊子取出滤纸。用铅笔标出溶剂上升的前沿,将滤纸放在 105℃ 烘箱中烘干。

(四) 显色

将 0.2g 茚三酮溶于 100mL 95% 的乙醇中,得茚三酮试剂。用喷雾器将茚三酮试剂喷射到滤纸上,滤纸必须湿透但无液滴滴下。在烘箱中干燥(约 5~10min),用铅笔画出斑点的轮廓。量出从点样线到每个斑点中心的距离和到溶剂前沿线的距离,计算每个氨基酸的 R_f 值。

五、注意事项

不能用手触摸滤纸,因为手上有少量氨基酸,会干扰检测。

本实验用的展开剂,当温度 23℃,展开时间 70min,溶剂上升高度 7.5cm 时,甘氨酸的 R_f 值为 0.28,苯丙氨酸为 0.49,异亮氨酸为 0.79。

六、思考题

1. 氨基酸与茚三酮反应生成蓝紫色的化合物,试写出它的结构式。
2. 要做好氨基酸的纸色谱,需要注意什么问题?

实验五十三 有机化合物和元素的定性鉴定

虽然由于大量近代分析仪器不断地出现和改进,使许多有机化学的实验方法起了根本性的变化,但是作为一种基本的操作技术,用化学法对有机物进行系统分析依然是有机化学工作者所必须掌握的。化学法鉴定有机物在许多情况下都可以得到有价值的信息,可满足后续研究的需要。

有机化合物系统鉴定包括了以下步骤:

一、初步鉴定

初步鉴定包括了观察有机物的物理状态,判别其气味、颜色、结晶形状等,此外进行灼烧试验,即将少量样品(1滴试液或约 50mg 固体样品)放在瓷坩埚盖上,在喷灯火焰边缘上加热,以观察其熔融过程、可燃性及火焰颜色。若为黄色发烟火焰则为芳香化合物或高度不饱和脂肪化合物;黄色但不发烟的火焰为脂肪族碳氢化合物;火焰呈蓝色或接近无色则表明化合物中含氧。如果有机物灼烧后有残渣,可加少量水溶解,进行可溶性鉴定,并采用 pH 试纸试验其酸碱性。

二、物理常数的测定

测定有机物的物理常数主要指测定与其结构关系密切的熔点、沸点、折射率、比旋光度及密度。

三、元素定性鉴定

元素定性鉴定主要是为了弄清某有机物含有哪些元素。作为有机化合物，一般应含 C、H 元素，因此这两种元素一般不作鉴定试验。而对于氧元素尚未有很好的化学方法进行鉴定，需要通过后续试验来确定，因此有机物中的元素鉴定一般指检验有机化合物中是否含氮、硫、磷及卤素。鉴定这些元素的方法一般是设法将样品分解，使有机物中所含元素转化为相应的无机离子，然后鉴定这些离子的存在。元素鉴定一般包括以下步骤。

（一）钠熔法

钠熔法是目前最常用的分解有机物样品的方法之一。钠熔法就是将处于熔融状态的钠与有机化合物灼烧反应，由钠将有机物中各种元素还原为易于检出的无机离子：

$$C, H, O, N, S, X \xrightarrow[\text{灼烧}]{Na} NaCN, Na_2S, NaCNS, NaX$$

钠熔法的操作步骤为：于硬质试管中加入 50mg 金属钠，用试管夹夹住，于酒精喷灯上用小火加热，至金属钠熔融，有白色蒸气上升，迅速将样品（约 30mg）加至熔融的金属钠上（防止把试样弄在试管壁上），继续灼烧至试管底部通红，然后将试管用一小烧杯接住，冷却后，加入数滴无水乙醇分解未反应的钠，然后加入 15～20mL 蒸馏水，溶解生成物，加热煮沸 4～5min 后，过滤，可得无色或浅黄色碱性溶液以备用。

（二）硫的鉴定

方法一：取 1mL 上述制得的滤液，加 2 滴亚硝基铁氰化钠 $Na_2[Fe(CN)_5(NO)]$ 溶液，出现红紫色，说明有硫存在。

方法二：取 1mL 滤液加入醋酸酸化（用 pH 试纸试验其呈酸性），再加入数滴 5％醋酸铅溶液，有黑褐色硫化铅沉淀，说明有硫存在。

（三）氮的鉴定

取 2mL 滤液，加入数滴联苯胺-醋酸铜溶液，若出现蓝色，说明有 CN^- 生成，则证明化合物中含 N。

$$NaCN + Cu(Ac)_2 + H_2N-\!\!\!\!\bigcirc\!\!\!\!-\!\!\!\!\bigcirc\!\!\!\!-NH_2 \longrightarrow$$

$$\left.\begin{array}{c} H_2N-\!\!\!\!\bigcirc\!\!\!\!-\!\!\!\!\bigcirc\!\!\!\!-NH_2 \\ HN=\!\!\!\!\bigcirc\!\!\!\!=\!\!\!\!\bigcirc\!\!\!\!=NH \\ \text{蓝色} \end{array}\right\} + H_2Cu_2(CN)_4 + NaCN$$

若有硫存在，应先设法将硫除去，再进行氮的鉴定。

（四）卤素的鉴定

1. 取 2mL 滤液，加入稀硝酸，使溶液呈酸性（用 pH 试纸检验），煮沸数分钟，驱尽可能存在的 CN^- 和 S^{2-}。冷却后，加入数滴 2％硝酸银溶液，出现白色或黄色沉淀，说明有卤素存在。

2. 再取 2mL 滤液，加稀硫酸（3mol/L），使溶液呈酸性，煮沸数分钟，待溶液冷却后，加入 1mL 四氯化碳和数滴 10%亚硝酸钠溶液,振荡后,四氯化碳层出现红紫色,说明有碘存在,若酸化后的溶液加入 1mL 四氯化碳和 1 滴氯水,振荡后四氯化碳层出现棕红色,说明有溴存在。

(五) 磷的鉴定

取 5 滴试液加 10 滴浓硝酸煮沸,放置冷却后,加入 2 倍体积的钼酸铵试剂,然后使其保持 50℃约 15min,若发生黄色沉淀,即有磷存在。

$$H_3PO_4 + 12(NH_4)_2MoO_4 + 23HNO_3 \longrightarrow$$
$$(NH_4)_3PO_4 \cdot 12MoO_4 \cdot 2HNO_3 \cdot H_2O + 2NH_4NO_3 + H_2O$$

四、溶解度试验

溶解度试验的主要目的是在进行有机物定性分析时缩小探索范围,以便迅速获得鉴定结果。通常将有机化合物用水、乙醚、5%$NaHCO_3$、5%HCl、冷浓 H_2SO_4 和 85%的 H_3PO_4 等 7 种试剂试验其溶解特性并按其溶解特性分成五类九组。分组方法如下。

先按照化合物在水中的溶解度把它们分为溶于水和不溶于水两大类,如能溶于水的,再用乙醚进行试验,溶于乙醚的为 S_1 组,不溶乙醚的为 S_2 组,对于不溶于水的化合物,用 NaOH 进行分组,如能溶于 5%NaOH 的样品,加 $NaHCO_3$ 试验,能溶于 5%的 $NaHCO_3$ 为 A_1 组,不能溶于 5%$NaHCO_3$ 的为 A_2 组;不溶于 NaOH 的样品用 HCl 分组,能溶于 5%HCl 的为 B 组;不溶于 HCl 的样品若不含 N、S、P 等杂原子的,加入冷浓硫酸,若溶解为 N 组,若不溶为 I 组;含 N、S、P 等杂原子而不溶于 5%HCl 的为 M 组。溶解度分组可用图 5-1 表示。

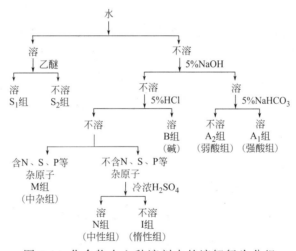

图 5-1 化合物在六种溶剂中的溶解行为分组

S_1 组:包括溶于水和乙醚的化合物。
S_2 组:包括溶于水但不溶于乙醚的化合物。
A_1 组:不溶于水,但能溶于 5%NaOH 溶液和 5%$NaHCO_3$ 溶液的化合物。
A_2 组:包括不溶于水及 5%$NaHCO_3$ 溶液,但溶于 5%NaOH 溶液的化合物。
B 组:包括不溶于水及 5%NaOH 溶液,但溶于 5%HCl 溶液的化合物。
M 组:不溶于水,也不溶于稀酸,稀碱的含 N、S、P 等杂质元素的中性化合物。
N 组:不含杂元素 N、S、P 等(可能含卤素)的中性化合物,可溶于浓硫酸。
I 组:不含 N、S、P 等杂元素(可能含卤素),不溶于浓硫酸的中性化合物。

在进行溶解度分组时，应注意以下事项：

1. 进行溶解度试验时，一般不应加热，必要时只能在 50℃ 以下微微温热片刻，且要待冷至室温后再观察。

2. 溶解度试验应注意溶质和溶剂的量，一般是在 1mL 溶剂中加约 30mL 的样品，在试验中应观察样品是否溶解或放热，或者发生明显的颜色变化或生成新的沉淀。若在试验过程中发生溶质和溶剂间的化学反应，应视为溶解现象。若一次试验不能确定样品是否溶解，应再进行试验。

3. 对于能溶于水的样品，应用石蕊或酚酞试验其水溶液的酸碱性。

五、分类试验

分类试验就是对样品进行官能团检定，确定它属于那一类有机化合物。以下为常见有机物的性质鉴定。

（一）烯烃、炔烃的不饱和性质鉴定

溴的四氯化碳溶液试验：取两支干燥试管，分别在两支试管中放入 1mL 四氯化碳，在其中一支试管中加入 2~3 滴环己烷样品，另一支试管中加入 2~3 滴环己烯样品，然后分别加入 5% 溴的四氯化碳溶液，并不时摇动，观察褪色情况。

取一支干燥试管，加入 1mL 四氯化碳，并滴入 3~5 滴 5% 溴的四氯化碳溶液，通入乙炔，观察现象。

（二）卤代烃的鉴定

1. 卤素的活泼性试验

于试管中加入 0.5mL 5%AgNO$_3$ 水（或乙醇）溶液，然后加 1 滴含卤样品，若有沉淀产生，则可能有低分子酰卤、胺类的盐酸锌盐、铵盐或 RCOX、RCH=CHCH$_2$X、R$_3$CCl、RI、RCHBrCH$_2$Br 等含有活泼卤原子化合物存在；若加热后才产生沉淀，则可能有 RCH$_2$Cl、R$_2$CHCl、RCHBr$_2$、2,4-二硝基氯苯、CHBr$_3$ 等物质存在。

2. 碘化钠-丙酮试验

卤化物能与 NaI-丙酮溶液发生复分解反应：

$$RCl + NaI \xrightarrow{丙酮} RI + NaCl$$

$$RBr + NaI \xrightarrow{丙酮} RI + NaBr$$

由于生成的 NaCl 或 NaBr 在丙酮中的溶解度较 NaI 小得多，因而以沉淀形式析出。将 1mL NaI-丙酮溶液与 2 滴含氯或含溴的样品振荡后在室温下放置 5min，会有沉淀产生（若无沉淀产生，可把试管浸在 50℃ 的水浴里加热 5min）。

（三）醇的鉴定

1. 苯甲酰氯试验

取三个配有塞子的试管，分别加入样品 0.5mL，再加 1mL 水和数滴苯甲酰氯，分两次加入 2mL 10%NaOH 溶液，每次加完后，把瓶塞塞紧。激烈摇动，使试管中呈碱性，如果样品中含羟基应得到有水果香味的酯。

2. 氯化锌-盐酸试验

在三支干燥试管中分别加入 5 滴正丁醇、二级丁醇和三级丁醇，再加入 1mL 氯化锌-盐酸溶液，塞好试管振荡后，室温静置，若马上产生混浊为三级醇，放置一会才出现混浊的为二级醇，室温下不产生沉淀的为一级醇。

（四）醛、酮的鉴定

1. 2,4-二硝基苯肼鉴定羰基

将样品滴入加有 10 滴 2,4-二硝基苯肼的试剂中，出现黄色、橙色或红色沉淀证明有羰基存在。

2. 银镜反应鉴定醛

在干净试管中，分别加入 1mL 5％硝酸银溶液，1 滴 5％NaOH 溶液，然后滴加 1mol/L 氢氧化铵并不断摇动，直到生成的氧化银沉淀恰好溶解为止，滴加样品数滴于试管中，水浴温热数分钟，若试管壁上有银镜生成，则证明有醛存在。

3. 品红试验

将样品加入盛有品红试剂的试管中，若呈紫红色，则证明有醛存在，此法可鉴别醛、酮。

（五）酚的鉴定

1. 与溴水反应

取一试管加入 2 滴样品，用滴管加入 1 滴溴水，若有浑浊现象或使溴水褪色，则说明有酚存在。

2. 三氯化铁试验

取一试管，加入几滴样品，滴加 1～2 滴 1％三氯化铁溶液，能产生红、蓝、紫、绿等颜色变化的证明有酚存在。

（六）胺的鉴定

1. 胺的碱性

利用胺的碱性可以判断胺的存在，若样品不溶于水，但溶于酸，则可能存在胺。

2. 苯磺酰氯鉴别一、二、三级胺

将样品 0.8mL 加入试管中，然后加入 2.5mL 10％NaOH 和 0.5mL 苯磺酰氯，摇动。如果反应产物仍为油状，加稀 HCl 后即能溶解的为三级胺；若产生沉淀，且该沉淀能溶于过量 10％NaOH 溶液，但加盐酸酸化后又析出沉淀的为一级胺；有沉淀或油状物析出，产物不溶于盐酸的为二级胺。

（七）酯的鉴定

羧酸酯类化合物大多数都具有愉快的气味，酯类可以通过酰肼铁试验进行鉴定，或将其水解后再分别鉴定生成的羧酸和醇。

酰肼铁试验：将酯和羟胺共热，则生成酰肼和醇，前者和三氯化铁能形成一种紫红色的盐类。

$$RCOOR' + H_2NOH \longrightarrow RC\overset{O}{\overset{\|}{-}}NHOH + R'OH$$

$$3R-CONHOH + FeCl_3 \longrightarrow (R-CONHO)_3Fe + 3HCl$$

取 1 滴样品（或数粒固体样品）于试管中，加 0.5mL 7％盐酸羟胺的甲醇溶液，再用 2mol/L 的氢氧化钾-甲醇溶液滴至碱性，然后加热至沸，冷却后用稀酸酸化，再加入数滴 5％的 $FeCl_3$ 溶液，若出现紫红色或紫色，则证明有酯存在。

注意事项：

1. 如反应后颜色太浅，可再加数滴 $FeCl_3$ 溶液。
2. 许多羟基酸能生成内酯或交酯，故在本试验中亦会得到阳性结果。

(八) 羧酸的鉴定——中和当量试验

羧酸具有羧基，可进行羧基碱滴定，求其中和当量，从而求出其分子量，有关反应为：

$$RCOOH + NaOH \longrightarrow RCOONa + H_2O$$

实验中，准确称取样品 50mg 左右，溶解于 100mL 溶剂中，加入 2~3 滴酚酞指示剂后，用 0.1mol/L 氢氧化钠进行滴定。从所得数据，计算中和当量及分子量。

$$中和当量 = \frac{样品质量 \times 1000}{V_{NaOH} c_{NaOH}}$$

$$分子量 = 中和当量 \times 羧基数$$

讨论事项：
1. 本法不适合用于氨基酸，可改用醛法或其他方法。
2. 酚羟基不能用本法，可用酰化法。对含有负性取代基的酚，如苦味酸等，可以用本法，但只能用 DMF 作溶剂，以偶氮紫作指示剂，同时做空白试验。
3. 空白试验所有条件均需同试样一致，否则终点不同，影响测定结果。

六、文献查阅

根据初步观察，物理常数测定，元素分析，溶解度试验以及官能团检验，已可把待鉴定物质缩小到一定范围，可知它属哪一类化合物，含有什么官能团。如果它属于人们已经研究过的，知道分子结构的化合物，就应设法利用前人对它做出的结果，从文献中查找有助于对它鉴定的物理和化学性质，主要是靠官能团和物理常数的信息，通过与文献中那些可能的化合物及其衍生物进行比较，最后确定待鉴定物质的归属。

查阅文献时，首先查阅有机分析手册中的有机化合物表和相应的衍生物表，确定可能的化合物，然后根据所提供的衍生物制备方法，制备衍生物。

七、衍生物的制备

为了确证未知物为何种物质，除了测定其物理常数、所含元素及官能团外，还应当进行衍生物的制备试验，将衍生物的熔点和文献中可能的化合物的相同衍生物的熔点进行比较，以便可以确证未知物的归属。关于各类物质衍生物的制备方法可以查阅有关资料，下面提供一些常见化合物的衍生物制备方法。

(一) 醇的衍生物的制备——3,5-二硝基苯甲酸酯的制备

A 法：在装有回流冷凝管的小反应瓶内把 2mL 醇，约 0.5g 3,5-二硝基苯甲酰氯（3,5-二硝基苯甲酰氯和水易反应，在称量后应立即使用，尽量减少与空气接触，并将瓶子密闭）和 0.5mL 吡啶混合，把反应混合物微沸 30min(一级醇仅需 15min)。冷却，加 10mL 5％碳酸氢钠溶液。在冰浴中把此溶液冷却，收集粗品结晶。用乙醇水溶液重结晶，所用乙醇量应尽可能减少。溶剂中乙醇和水的比例以把水加至乙醇中，其量刚好使粗品在热溶液中溶解而冷却后，结晶析出为好。

B 法：反应在通风橱内进行。在装有回流冷凝管的 50mL 反应瓶内（如无通风橱，则装气体分离器），加 1g 3,5-二硝基苯甲酸，3mL 氯化亚砜和 1 滴吡啶。将反应混合物加热至沸，当二硝基苯甲酸溶解后，继续加热 10min。总的回流时间应为 30min 左右。然后进行蒸馏，接收瓶用冰盐水浴冷却。真空接收器通过安全瓶与水泵相连，将蒸馏系统抽真空，用蒸气浴加热蒸除过量氯化亚砜。氯化亚砜蒸完后，小心排除真空，把过量氯化亚砜倒入回收容

器内。反应瓶内残留物为3,5-二硝基苯甲酰氯,加入2mL乙醇,0.5mL吡啶,装上带有干燥管的回流冷凝管,按方法A的回流时间继续操作。

(二) 醛酮类衍生物的制备——2,4-二硝基苯胺的制备

将约100mL固体样品溶于2mL 95%乙醇中,再将此溶液加到2mL 2,4-二硝基苯肼试剂中,剧烈振摇混合物,若沉淀不立即生成,让溶液放置15min。过滤沉淀物后,用乙醇进行重结晶2次,将结晶滤出,抽干乙醇。

(三) 酚类衍生物的制备——酚溴化物的制备

在60mL水中溶解10g氢氧化钾并加6g溴制成溴化钾溶液。把1g酚溶于水中或者乙醇、丙酮或二氧六环中,并滴加溴化钾溶液,溴液的加入量是刚好使溶液呈黄色。在此混合物中加5mL水,剧烈振荡,滤去固体。用稀亚硫酸氢钠溶液洗涤固体以除去过量溴,并用乙醇或乙醇水溶液重结晶。

(四) 胺类衍生物的制备

1. 一、二级胺衍生物的制备——苯甲酰胺的制备

取1mmol的胺悬浮于0.6~1mL 10% NaOH溶液中,冷却,分批加入2~3mmol的苯甲酰氯,并极力摇荡试管5~10min。将反应混合物小心中和至pH值为8.0,这样可以保证使伯胺的苯甲酰胺全部析出,吸滤收集晶体,用水淋洗,然后在水-乙醇中重结晶。

2. 三级胺衍生物的制备——季铵盐的制备

将1mmol的叔胺加到1mmol的苦味酸醇溶液中,将溶液浓缩冷却后,析出晶体,所得晶体在甲醇或乙醇中重结晶。

(五) 芳烃衍生物的制备——苦味酸加合物的制备

将100mg左右芳烃溶于6mL热乙醇中,冷却后,于其中加入1.5mL苦味酸乙醇饱和溶液,晶体析出后,过滤,用1mL乙醇淋洗,用滤纸压干晶体后,立即测其熔点。

实验五十四　有机含氮化合物及蛋白质的测定——凯尔达尔(Kjeldahl)法

一、实验目的

巩固凯氏法定氮理论,掌握测定有机物及蛋白质含量的微量及半微量凯氏定量法的操作。

二、实验原理及反应式

试样在催化剂作用下,用浓硫酸分解,使其所含的氮转化为硫酸氢铵。然后用氢氧化钠碱化,生成的氨用水蒸气蒸出,以硼酸吸收之,最后用标准酸溶液滴定,便可计算出有机物含氮量或蛋白质含量。

主要反应式:

$$有机氮 \xrightarrow[\triangle]{浓 H_2SO_4 + 催化剂} NH_4HSO_4 + SO_2 + CO_2 + CO + \cdots$$

$$NH_4HSO_4 + 2NaOH \longrightarrow NH_3 + Na_2SO_4 + 2H_2O$$

$$NH_3 + H_3BO_3 \longrightarrow NH_3 \cdot H_3BO_3$$

$$NH_3 \cdot H_3BO_3 + H^+ \xrightarrow{滴定} NH_4^+ + H_3BO_3$$

三、试剂及仪器

浓 H_2SO_4，40%NaOH 溶液，催化剂为 $CuSO_4$：K_2SO_4 = 4：10，混合指示剂为 5 体积 0.1%溴甲酚绿乙醇溶液+1 体积 0.1%的甲基红醇溶液，饱和 H_3BO_3 溶液，0.05mol/L 的标准盐酸溶液，凯氏烧瓶，微量定氮蒸馏器。

四、实验步骤

（一）消化

准确称取 100mL 左右的样品于凯氏烧瓶中，加 1g 催化剂，6mL 浓 H_2SO_4，斜夹在铁架台上，瓶口放一小漏斗，见图 5-2 所示，于通风橱中加热至微沸，直至溶液呈亮绿色为止（应避免剧烈沸腾）。冷却后，将反应液定量移入 50mL 容量瓶中，此时溶液发热，待冷至室温后加水至刻度。

（二）蒸馏及滴定

本实验采用重叠式微量定氮蒸馏器，如图 5-3 所示，它是一种夹套装置，由 A 瓶和 B 瓶组成。水蒸气由 A 瓶发生后，从 C 口进入蒸馏瓶 B 中，NH_3 从 D 口蒸出，经 B 管进入指型冷凝管 M 冷却后，从 F 管进入吸收瓶 I 中。

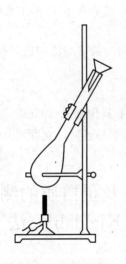 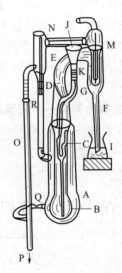

图 5-2 凯氏烧瓶　　　　图 5-3 微量定氮蒸馏器

稀释的消化液及碱液从 G 管注入蒸馏瓶 B。冷凝水从管 L 流入指形冷凝管 M 后，经 N、O、P 排出。

螺旋夹 R 可作洗涤仪器之用，先将冷凝管水关好，关闭夹 R，用一胶管将 P 管和抽水泵接通，然后松开夹 Q，而把 K 夹紧，此时水泵抽气使蒸馏系统内部产生负压。若向 I 加入足量的水，则水将经进 F、E、D 入 B 瓶，再经 C 口流到 A 瓶，最后从 Q 由 P 排出。

管 G 和漏斗 J 的洗涤：松开 K 夹，从漏斗 L 加水进行洗涤。

蒸馏系统按上述方法用自来水充分洗涤后，再用蒸馏水洗二次，最后留下适量水于 A 瓶中，供发生水蒸气之用，然后将 Q 夹紧，准备蒸馏。

在吸收瓶 I 加入 20mL 饱和 H_3BO_3，再加 4 滴混合指示剂，务必使冷凝管下端浸入 H_3BO_3 溶液中。

拨开 G 的胶管，移液管从 G 加入 5.0mL 的消化稀释液，重新接上胶管和小漏斗，并从漏斗加入 10mL 40% NaOH,立即夹紧 K,再在小漏斗中加入数滴水封口,便可加热进行蒸馏。沸腾开始 8~10min,即可停止加热,此时吸收瓶中溶液已变成蓝色。取下 I,用少量蒸馏水冲洗 F 管,洗涤液合并于 I 瓶中,最后用 0.5mol/L 标准盐酸溶液进行滴定,终点为灰紫色(酒红色),记下消耗的盐酸溶液体积 V。

同时做一空白测定,以校正试剂中可能含有的氮化物或蒸馏过程中可能带出的碱。

实验完毕,将仪器彻底洗涤干净。

(三) 计算结果

$$w_N = \frac{c(V-V_0)}{m \times 1/10} \times 0.014 \times 100\%$$

式中　　c——盐酸标准溶液的浓度,mol/L;

　　　　V——样品消耗酸标准溶液体积;

　　　　V_0——空白测定消耗酸标准液体积;

　　　　m——样品质量。

若样品为含蛋白质的含氮有机物,可按下式计算蛋白质含量:

$$w_{蛋白质} = w_N \times 6.25$$

五、注意事项

1. 消化液转移入容量瓶之前,容量瓶中应先加入 10~15mL 蒸馏水。
2. 蒸馏前,应先检查蒸馏装置中各夹处是否有漏气现象。
3. 蒸馏过程中若有倒吸现象(一般因加热温度下降或突然停火所置),可将吸收瓶 I 暂时降低至 F 管离开吸收液液面,待系统内与大气压保持平衡以至大于大气压力时再复原。
4. 蒸馏前应先通冷凝水。

六、思考题

1. 用凯氏法测定有机物含氮量的原理是什么?试以乙酰苯胺为样品,写出有关反应方程式。
2. 本实验除了用饱和 H_3BO_3 吸收 NH_3 外,也可用稀盐酸溶液或稀 H_2SO_4 溶液吸收蒸出的 NH_3,试比较它们之同的优缺点。

实验五十五　有机含卤化合物的测定
——氧瓶燃烧法

一、实验目的

掌握氧瓶燃烧法分解有机试样的原理与操作技术,熟悉汞量法测卤素含量的原理及终点判断方法。

二、实验原理及反应式

有机含卤化合物在充满氧气的容器中,用铂丝作催化剂,经燃烧分解生成卤负离子及部分游离卤素。所生成的卤负离子用 NaOH 溶液吸收,游离卤素被过氧化氢还原为负离子后也被 NaOH 溶液吸收。通过采用汞量法测定卤负离子卤素的百分含量。

主要反应式如下:

$$\text{有机卤化物} \xrightarrow[\text{燃烧}]{O_2, Pt} X^- + X_2 + CO_2 + H_2O$$

$$X_2 + 2NaOH + H_2O_2 = 2NaX + O_2\uparrow + 2H_2O$$

$$Hg^{2+} + 2X^- = HgX_2$$

$$2\ \underset{Ph-N=N}{\overset{Ph-NHNH}{>}}C=O + Hg^{2+} = O=C\underset{N=N}{\overset{NHNH}{<}}\underset{Ph}{>}Hg^{2+}\leftarrow \underset{NHNH}{\overset{N=N}{>}}C=O$$

(紫红色络合物)

三、试剂及仪器

0.2mol/L KOH 溶液，6% H_2O_2 溶液，2mol/L HNO_3 溶液，0.5mol/L HNO_3 溶液，0.2%溴酚蓝指示剂（乙醇溶液），0.01mol/L 硝酸汞标准溶液，1%二苯苄巴腙-无水乙醇指示剂，250mL 燃烧瓶，磨口塞带玻璃管并接上 50mm 铂丝，半微量自动滴定管（10mL）。

四、实验步骤

（一）燃烧和吸收

准确称取 20~30mg 样品于已剪好的无灰滤纸上，见图 5-4，按图方法包好滤纸，尾部在外，夹在铂丝上。

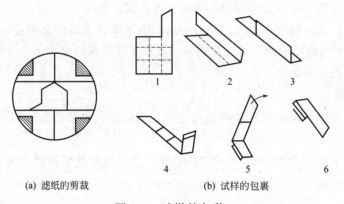

(a) 滤纸的剪裁　　　　(b) 试样的包裹

图 5-4　试样的包装

于燃烧瓶内（见图 5-5 所示）加入 10mL 0.2mol/L KOH 溶液和 6% H_2O_2 20mL，然后将氧气导管伸入燃烧瓶中，使其接近吸收液表面，通 O_2 20~30s（用带火星的火柴杆置于瓶口外侧检验氧气是否充满）。点燃滤纸尾部迅速将其放入燃烧瓶中，压紧瓶塞后小心将燃烧瓶倾斜倒置，让吸收液封住瓶口，待剧烈燃烧完毕后按紧瓶塞摇动燃烧瓶，直至瓶内烟雾完全消失。

（二）滴定

采用半微量自动滴定管滴定，如图 5-6 所示。转动并打开瓶塞，用少量蒸馏水洗涤瓶塞和 Pt 丝后合并于吸收液中，将溶液煮沸 5min，以分解多余的 H_2O_2，冷却后加入 20mL 95%的无卤乙醇和 1 滴溴酚蓝指示剂，逐渐加入 2mol/L HNO_3 至吸收液变为绿色后，改用 0.5mol/L HNO_3 继续滴至黄色，再过量一滴，此时溶液 pH 值约为 3，再加入 5 滴二苯苄巴腙，以硝酸汞标准溶液滴定至溶液由黄色变为红紫色为终点。于相同条件下进行空白测定。

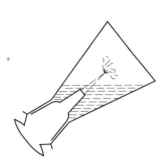
图 5-5 试样在燃烧瓶中分解

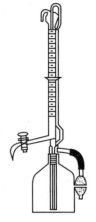
图 5-6 半微量自动滴定管

(三) 结果计算

按下式计算试样中卤素含量及含卤化合物的百分含量：

$$w = \frac{2(V-V_0)cM}{100mn} \times 100\%$$

式中　V——试样消耗的硝酸汞溶液体积，mL；
　　　V_0——空白消耗硝酸汞溶液体积，mL；
　　　c——硝酸汞标准溶液浓度，mol/L；
　　　M——卤素的原子质量，或含卤有机物的摩尔质量；
　　　m——试样的质量，g；
　　　n——分子中含卤原子数目。

五、注意事项

1. 过量的 H_2O_2 应煮沸除去，否则将无法调节酸度与影响终点观察。
2. 二苯苄巴腙指示剂配好以后，只限两星期内使用，否则终点颜色变化不敏锐。

六、思考题

1. 燃烧完毕后若出现少许黑色块状物或 Pt 丝有黑色黏附物时，应如何处理？
2. 吸收液为什么要呈碱性？滴定前又为何要严格调节 pH 值？
3. 与银量法比较，本实验采用汞量法测定卤离子有何优点？

实验五十六　油脂碘值的测定
——碘的乙醇溶液加成法

一、实验目的

通过实验，了解碘的乙醇溶液加成法测定油脂碘值的原理，熟练掌握该测定的操作方法。

二、实验原理及反应式

溶解于含水乙醇中的碘，首先和水作用，生成次碘酸。由于有乙醇存在，把次碘酸还原为高活性的新生态碘原子，故碘在乙醇中比在 KI 的水溶液中能更迅速地与不饱和键进行加成反应，反应后，过量的碘用硫代硫酸钠标准溶液滴定。

$$I_2 + H_2O \longrightarrow HIO + HI$$

$$HIO + C_2H_5OH \longrightarrow [I] + CH_3CHO + H_2O$$

$$\diagdown C = C \diagup + 2[I] \longrightarrow \diagdown \underset{I}{C} - \underset{I}{C} \diagup$$

碘的乙醇溶液加成法测定油脂碘值的优点是快速简便且费用低，准确度能符合工业生产分析的要求，最适于生产单位日常生产控制分析及原材料质量分析。

三、试剂及仪器

95%乙醇，升华碘，0.2mol/L 碘的乙醇溶液，0.1mol/L $Na_2S_2O_3$ 标准溶液，1%淀粉水溶液（指示剂），500mL 碘量瓶等。

四、实验步骤

准确称取油脂样品约 0.4~0.5g，加入 500mL 碘量瓶中，加入 95%乙醇 10mL，精确加入 0.2mol/L 碘乙醇溶液 25.00mL，加蒸馏水 200mL，盖紧瓶塞后激烈振荡，使混合均匀并形成乳浊液。以少许水封口，静置阴暗处 5min，然后用 0.1mol/L 硫代硫酸钠标准溶液滴定至淡黄色后，加 1%淀粉溶液 2mL 继续滴定至蓝色恰好消失为终点。

在同样条件下做空白测定。

油脂样品的碘值可按下式计算：

$$碘值 = \frac{(V_0 - V)c \times 126.9}{m \times 1000} \times 100$$

式中　V_0——空白消耗 $Na_2S_2O_3$ 标准液体积，mL；

　　　V——试样消耗 $Na_2S_2O_3$ 标准液体积，mL；

　　　c——$Na_2S_2O_3$ 标准溶液浓度，mol/L；

　　　m——油脂试样的质量，g；

126.9——碘的原子质量。

若测定不饱和化合物的百分含量，可用下式计算实验结果：

$$不饱和化合物 = \frac{(V_0 - V)cM}{2000mn} \times 100\%$$

式中　M——油脂或其他不饱和化合物的摩尔质量，g/mol；

　　　n——不饱和化合物分子中双键数。

其他符号的意义与上式相同。

五、注意事项

1. 固态样品较难溶于 95%乙醇中，可改用无水乙醇，微热以促进溶解。

2. 碘的乙醇溶液一般以过量 70%为宜，过量太多会导致取代反应发生，过少则反应不能完全。

3. 反应时间一般 3~5min 即可，过长或过短都会使测定结果偏高或偏低。

六、思考题

1. 本实验所用玻璃仪器是否必须干燥？

2. 测定油脂碘值的计算公式与计算不饱和化合物含量的式子有何异同点？为什么？

3. 本实验所用方法能否用于双键上有负性取代基的有机化合物？为什么？

实验五十七 醇类的测定
——催化乙酰化法

一、实验目的

理解用高氯酸催化乙酰化法测定醇类的原理，掌握催化乙酰法测定羟基化合物含量的操作技术。

二、实验原理及反应式

用酸催化乙酰化法测定醇类的原理是：取一定量的过量酰化剂（乙酸酐）在高氯酸的催化下与试样作用而将羟基酰化，反应完毕后，用水分解剩余的酸酐，然后以标准碱溶液滴定水解生成的乙酸。同时进行一次空白测定，空白测定与样品滴定的差值，即为试样乙酰化所消耗的酸酐量，从而可算出样品的羟基含量或醇类的百分含量。其反应式如下：

酰化剂：
$$HClO_4 \longrightarrow H^+ + ClO_4^-$$

$$(CH_3CO)_2O + H^+ \xrightarrow[\text{吡啶}]{\text{室温}} CH_3CO^+ + CH_3COOH$$

酯化：
$$ROH + CH_3CO^+ \longrightarrow ROCOCH_3 + H^+$$

滴定：
$$NaOH + CH_3COOH \xrightarrow{\text{吡啶}} CH_3COONa + H_2O$$

三、试剂与仪器

（一）试剂

2mol/L 乙酸酐-乙酸乙酯溶液：将 150mL 乙酸酐置于 250mL 碘量瓶中，慢慢加入 2.5mL 72% 高氯酸，再慢慢加入 8.0mL 乙酸酐，在室温下静置 30min 后，用冰水冷至 5℃，再加入 42mL 冷至 5℃ 的乙酸酐，于 5℃ 以下继续冷却 1h，然后升至室温，此时溶液可能呈淡黄色，此酰化剂溶液可保存两星期。

吡啶溶液：水:吡啶＝3:1（体积比）；

中性乙醇（95%）；

0.5mol/L NaOH 标准溶液；

1% 酚酞乙醇溶液指示剂。

（二）仪器

250mL 干燥碘量瓶，移液管（容量 2.0mL），滴定管（容量 25mL）。

四、实验步骤

准确称取醇类试样（辛醇或异戊醇可称取 0.1～0.15g）于干燥碘量瓶中，用移液管加入 2.00mL 乙酰化剂（即已配好的乙酸酐-乙酸乙酯溶液），加塞后摇动至样品溶解，然后在室温下静置反应 10～15min。反应完毕后加入 2mL 水，加塞轻摇之，再加入 10mL 吡啶-水溶液，加塞后用少量水封口，于室温下水解 5min，待雾状物消失后加入酚酞指示剂 2～3 滴和 95% 中性乙醇 15mL，用 NaOH 标准溶液滴定至淡红色为终点。

用同样条件做一空白测定。

测定结果可用下式计算：

$$\text{醇类含量} = \frac{(V_0 - V)cM}{1000mn} \times 100\%$$

式中　V_0——空白测定消耗 NaOH 标准溶液体积，mL；

　　　V——样品消耗 NaOH 标准体积，mL；

　　　c——NaOH 标准溶液浓度，mol/L；

　　　M——被测醇类的摩尔质量，g/mol；

　　　m——试样的质量，g；

　　　n——试样分子中含羟基数目。

五、注意事项

1. 叔醇及空间位阻较大的酚难以酰化，不适宜用此法测定；伯、仲胺及某些醛类及环乙酮对反应有干扰，应注意排除。

2. 由于乙酸酐遇水会水解而损耗，故用于测定的仪器如碘瓶、移液管等应干燥。

3. 高氯酸受热易爆，使用时应加倍小心。

六、思考题

1. 本实验为什么要在相同条件下做一次空白测定？

2. 在测定过程中，若吸取乙酰化试剂欠准确（多加 1 滴或少加 1 滴），会对测定结果引起多大的误差？

3. 若测定结果要求计算羟基的百分含量，则计算公式应做哪些改动？

实验五十八　醛与酮类及醛酮总量的测定
——羟胺法（酸碱电位反滴定）

一、实验目的

理解并掌握用羟胺法测定醛与酮类含量的原理及操作方法。熟悉采用电位滴定法确定反应终点。

二、实验原理及反应式

本实验采用酸碱反滴定法，这是普通使用的测定羰基化合物含量的较好方法。首选用碱中和盐酸羟胺中的 HCl，使产生游离羟胺，因它较活泼，立即与羰基化合物成肟。反应液中剩余的过量部分羟胺用标准盐酸回滴，同时做一空白测定。由空白测定与样品滴定之差值，即可计算试样中醛与酮的含量或羰基的百分含量。其主要反应式如下：

$$H_2NOH \cdot HCl + OH^- \longrightarrow H_2NOH + H_2O + Cl^-$$

$$\diagup\!\!\!\diagdown C=O + H_2NOH \longrightarrow \diagup\!\!\!\diagdown C=NOH + H_2O$$

$$H_2NOH + HCl\text{（标准）} \longrightarrow H_2NOH \cdot HCl$$

三、试剂与仪器

（一）试剂

羟胺试剂：称取 0.7g 盐酸羟胺溶于 10mL 水中，加入 0.5g 三乙醇胺后，用 95% 乙醇稀释到 100mL（用时新配）。

混合指示剂：66mL 马休黄和 4mg 甲基紫溶于少量 95% 乙醇中，再用 95% 乙醇稀释至 50mL，此为混合指示剂 0.4% 酚蓝乙醇液。

0.02mol/L 盐酸标准溶液。

饱和 NaCl 溶液。

(二) 仪器

250mL 碘量瓶；10.00mL 移液管；25mL 酸式滴定管；磁力搅拌器；酸度计；玻璃电极；甘汞电极；150mL 烧杯；20mL 量筒。

四、实验步骤

准确称取 20mg 左右的样品置于 250mL 碘量瓶中，用移液管准确加 10.00mL 羟胺试剂，盖好瓶塞并加以振摇使样品溶解后进行反应，在室温下静置 30min 后，加入 2 滴混合指示剂，用标准盐酸溶液滴定至溶液由黄变蓝灰色为终点。

同时做一次空白测定（在空白测定的碘量瓶中另外加入 2mL 饱和 NaCl 溶液）。空白测定可作为滴定样品时观察终点颜色的对照标准。为了使测定结果更准确，必须使两者在达到终点时两者的体积相等，故在样品滴定临到终点之前，应补充加入一定量的蒸馏水，其体积相当于空白测定与样品测定所消耗盐酸体积之间的差值，然后再将样品溶液继续滴定至终点。

因蒸馏水的 pH 值比滴定终点时溶液的 pH 值高得多，故必须另取与加入水体积相同的蒸馏水，加入 2 滴混合指示剂，用标准盐酸再滴定至终点，并由此读出因加入一定量水而消耗的标准盐酸的毫升数（即下面计算式中的 V_C 项）。

实验结果可用下式进行计算：

$$醛与酮的含量 = \frac{c(V_A - V_B + V_C)M}{m \times 1000} \times 100\%$$

式中　c——标准盐酸溶液的浓度，mol/L；

V_A——空白测定用去标准盐酸体积，mL；

V_B——样品滴定用去标准盐酸体积，mL；

V_C——与 $V_A - V_B$ 同体积的蒸馏水所消耗的标准盐酸体积，mL；

m——试样的质量，g。

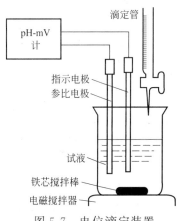

图 5-7　电位滴定装置

为了更加准确判断滴定终点，可用电位滴定法。于 150mL 烧杯中准确称入 20mg 左右试样，再用移液管加入 10.00mL 羟胺试剂，盖上表面皿后轻轻摇荡使互溶并进行反应，于室温下放置 30min 后，加溴酚蓝指示剂 2 滴，按图 5-7 装置进行电位滴定。

开启磁力搅拌器，以盐酸标准溶液滴定至溶液由深蓝色变为蓝色后，每滴定 0.5mL 记录一次 pH 值，当溶液由淡蓝色变为绿黄色后，每滴定 0.2mL 记录一次 pH 值，当溶液变为黄色后再记录 5 次 pH 值，便停止滴定。

将滴定数据填入下表：

序号	1	2	3	4	5	6	7	8	9	10	11	12	13	14
V_{HCl}/mL														
ΔV/mL														
pH 值														
ΔpH														
ΔpH/ΔV														
ΔpH^2/ΔV^2														

电位滴定终点时消耗的标准盐酸体积 V，可用一次微商或二次微商法计算出来，见图 5-8 和图 5-9。通过 pH 值（也可用电压 mV 表示）对体积的二次导数（即 $\Delta E^2/\Delta V^2$）变成零的办法来求出滴定终点：

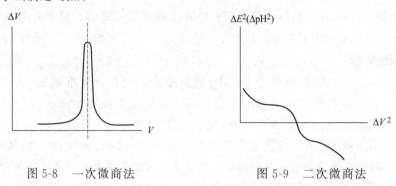

图 5-8　一次微商法　　　　　图 5-9　二次微商法

假如在临近终点时，每次加入的标准盐酸体积是相等的，此函数（$\Delta E^2/\Delta V^2$）必定会在正负两个符号发生变化的体积之间的某一点变成零，对应于这一点的体积即为终点体积 V，可用内插法求得。

用相同条件进行空白测定，求出 V_0。

电位滴定结果可用下式进行计算：

$$醛酮含量 = \frac{(V_0 - V)cM}{1000m} \times 100\%$$

式中　V_0——空白消耗标准盐酸体积，mL；

　　　V——试样消耗标准盐酸体积，mL；

　　　c——标准盐酸溶液浓度，mol/L；

　　　m——试样质量，g。

终点体积 V 也可用计算机加以确定，此法更为简捷。限于篇幅，计算机计算程序略。

五、注意事项

1. 挥发性试样须用安瓿球吸取后封口再进行称量。

2. 由于溶液有一定的缓冲性，故观察到的终点突跃值很小，一般只有 0.02pH 单位，有时甚至更小，故换成电压 mV 表示，且终点要小心观察。当滴入 0.2mL 标准盐酸后 pH 值（电 mV 挡表示）产生较大突跃，又马上回复到原来 pH 值附近时，说明已接近终点，更应小心地滴定和观察。

六、思考题

1. 试比较本实验采用的酸碱反滴定法与用碱滴定反应产生 HCl 的一般羟胺法的优缺点。
2. 为什么电位滴定还要加入指示剂？

实验五十九　糖的标准分析法
——兰-埃农法（Lane and Eyno's method）

一、实验目的

掌握用斐林试剂容量法测定还原糖的原理与操作要领。

二、实验原理及反应式

斐林试剂甲、乙组分等量混合时生成天蓝色的氢氧化铜沉淀,它立即与酒石酸钾钠作用形成蓝色的络合物——酒石酸铜。此络合物被还原糖还原而生成红色的氧化亚铜沉淀,过量一滴的还原糖将蓝色的亚甲基蓝指示剂还原为无色,溶液中只呈现出氧化亚铜的暗红色,此即为滴定的终点。通过基准糖与试样糖消耗量之比,便可计算出试样中还原糖的含量。主要反应式如下:

$$Cu_2SO_4 + 2NaOH \longrightarrow Cu(OH)_2 \downarrow + Na_2SO_4$$

$$\begin{array}{l} HO-CH-COONa \\ | \\ HO-CH-COOK \end{array} + Cu(OH)_2 \longrightarrow Cu \begin{array}{l} O-CH-COONa \\ | \\ O-CH-COOK \end{array} + H_2O$$

$$CH_2(CHOH)_4CH \begin{array}{l} OCHCOONa \\ | \\ OH \quad O \quad OCHCOOK \end{array} + 2Cu \xrightarrow[\Delta]{2H_2O} CH_2(CHOH)_4COH + Cu_2O \downarrow + \begin{array}{l} HOCHCOONa \\ | \\ HOCHCOOK \end{array}$$

三、试剂与仪器

(一) 试剂

斐林试剂甲:溶解 69.289g $CuSO_4 \cdot 5H_2O$ 于煮沸过的蒸馏水中,稀释至 1000mL。

斐林试剂乙:溶解 346g 酒石酸钠钾及 100g NaOH 于煮沸过的蒸馏水中,再稀释至 1000mL。

基准溶液:精确称取 0.5g 葡萄糖于 250mL 容量瓶中,以蒸馏水溶解后稀释至刻度,即为 0.2% 葡萄糖基准溶液。

亚甲基蓝 1%。

(二) 仪器

容量瓶(规格为 100mL,250mL,1000mL)3 个;移液管 5.00mL;锥形瓶 250mL;酸式滴定管 50mL;电热式磁力搅拌器。

四、实验步骤

(一) 粗滴定

精确称取糖试样 1.0g 于 250mL 容量瓶中,用蒸馏水稀释至刻度,此为试样溶液。

准确吸取斐林试剂甲、乙各 5.0mL 于 250mL 锥形瓶中,从滴定管加入被测糖试样溶液 15mL,于电热式磁力搅拌上加热至煮沸后在搅拌下继续滴加试样溶液(约每 10~15s 内滴加 1mL),直至蓝色将消失,加入指示剂 3~5 滴,继续滴定至蓝色褪尽为止,记下粗滴定消耗的试样溶液体积。

(二) 精密滴定

准确吸取斐林试剂甲、乙各 5.0mL 于 250mL 锥形瓶中,由滴定管加入试样糖溶液,其体积比粗滴定约少 0.5~1.0mL,于电热式磁力搅拌器上加热并开动搅拌,使在 2min 内沸腾,加入指示剂 3 滴,在维持沸腾状态下继续从滴定管逐滴滴入试样溶液,直至蓝色褪尽,总沸腾时间为 3min,后阶段滴入的 0.5~1.0mL 糖试样溶液应在 1min 内滴完,整个滴定工作须控制在 3min 内完成。

(三) 滴定度的标定

如上步骤,用 0.2% 的葡萄糖基准溶液滴定斐林试剂甲、乙各 5.0mL 的混合溶液以标定斐林试剂的滴定度:

$$T=\frac{mV}{250\times10}\text{（g 还原糖/mL）}$$

式中　m——葡萄糖基准物的质量，g；
　　　V——滴定 10mL 斐林试剂用去基准糖溶液体积，mL；
　　　250——糖基准溶液总体积，mL；
　　　10——斐林试剂体积，mL。

（四）结果计算

$$\text{还原糖含量}=\frac{T\times10}{mV/250}\times100\%$$

式中　T——斐林试剂的滴定度，g/mL；
　　　m——还原糖试样质量，g；
　　　V——滴定 10mL 斐林试剂消耗的试样溶液体积，mL。

五、注意事项

1. 对有色的试样，须作如下处理：把试样称入 100mL 容量瓶中，加入 25%醋酸铅溶液 10mL，用水稀释至刻度，摇振后静置过滤，取中间段滤液 50mL 于容量瓶中，加入草酸钾、磷酸盐混合液 1.5mL，用水稀至刻度，摇振后静置、澄清、干滤纸过滤，弃去最初 20mL，其余即为待测糖试样溶液。
2. 若样品溶液无色透明，则可省去上述处理步骤。
3. 对蔗糖等非还原糖，须水解成单糖后再行测定。

六、思考题

1. 斐林试剂为什么要分甲、乙液分别配制和保存？
2. 为什么要用糖试样溶液来滴定斐林试剂。倒过来行吗？
3. 滴定为什么要在沸腾状态下进行？为什么整个滴定要控制在沸腾的 3min 内完成？

实验六十　淀粉的含量测定
——旋光度测定法

一、实验目的

掌握溶液的旋光度测定法这一简便的淀粉含量定量方法的原理与操作要领。了解旋光仪的操作、维护及保养方法。

二、实验原理

本实验基于运用氯化锡溶液作为蛋白质沉淀剂，用氯化钙溶液作淀粉的络合剂；即钙离子与淀粉分子上的羟基形成络合物而使淀粉可溶于水中。淀粉的比旋光度 $[\alpha]_D^{20}$ 为+190°～230°，因此可通过测量淀粉溶液旋光度的方法来计算淀粉的百分含量，从而比水解法更为简捷。又由于直链淀粉和支链淀粉的比旋光度很接近，故不同来源的淀粉都可用此法进行测定。该方法重现性好、操作简便快捷，适于各种谷类食品中淀粉含量的测定。

三、试剂及仪器

六水氯化钙，冰醋酸，五水氯化锡，辛醇。

氯化钙溶液：溶解2份$CaSO_4·H_2O$于1份水中（质量比）。调节溶液密度至1.30g/mL(20℃)，用1.6%左右的冰醋酸溶液调整溶液的pH值至2.5±0.3，备用。

氯化锡溶液：溶解2.5g $SnCl_4·5H_2O$于97.5g的上述氯化钙溶液中，待用。

旋光仪。

四、实验步骤

将样品磨细（以100目为最佳），准确称取试样2g于250mL烧杯中，加蒸馏水10mL搅拌使试样湿润后，加入70mL氯化钙溶液，盖好表面皿，于5min内加热至沸腾，继续煮沸15min，随时搅拌以避免样品附着于液面以上的烧杯壁上，若泡沫过多，可加1～2滴辛醇消泡。煮沸完毕，迅速冷却后定量移入100mL容量瓶中，用$CaCl_2$溶液淋洗烧杯壁，淋洗液并入容量瓶中，加入$SnCl_4$溶液5mL，最后用$CaCl_2$溶液定容到刻度，混匀后，用2号新华定量滤纸（干燥的）过滤，弃去初始滤液15mL，收集其余滤液。用旋光仪测定滤液的旋光度α（旋光仪测量和读数方法见实验十一）。用下式计算试样中淀粉的百分含量：

$$淀粉含量 = \frac{\alpha}{203dm} \times 100 \times 100\%$$

式中　α——旋光度；

m——淀粉试样质量，g；

203——淀粉的比旋光度，若样品为豆类，则其比旋光度为$[\alpha]_D = 200°$；

d——旋光测定管的长度，dm。

五、注意事项

1. 旋光仪连续使用时间不宜过4h，以免亮度下降和寿命缩短。

2. 测定管用后应及时将溶液倒出，用蒸馏水洗净擦干，所有镜片均不能用手接触镜面，应用镜头纸擦抹。

六、思考题

1. 定容后的淀粉溶液过滤时为什么要用干滤纸？又为什么要弃去初始滤液15mL？

2. 如何判断试样的旋光性是左旋，还是右旋？

实验六十一　酯类的测定
——皂化容量法及色谱法

一、实验目的

通过实验掌握酯类含量测定的通用方法，同时熟悉工业上实际应用的皂化值的测定及计算方法。

二、实验原理及反应式

皂化法是测定酯类最常用的方法。酯用过量的碱溶液皂化后，剩余的过量部分的碱可用标准酸溶液进行滴定，在相同条件下做一次空白滴定，从而可以计算出醇的百分含量。其主要反应可用下式表示：

$$RCOOR' + KOH \longrightarrow RCOOK + R'OH$$

$$KOH + HCl \longrightarrow KCl + H_2O$$

一般的酯都可用 KOH 的乙醇溶液进行皂化，用醇作溶剂可增加酯的溶解度。难皂化的酯可以使用乙二醇等高沸点的化合物作溶剂，以提高反应温度，缩短皂化的时间。

三、试剂及仪器

(一) 试剂

0.2mol/L KOH 的 95％乙醇溶液：称取 11.2g KOH 溶于 1000mL 95％乙醇中，过滤备用。

0.1mol/L 盐酸标准溶液。

指示剂：1％酚酞乙醇溶液。

(二) 仪器

酸式微量滴定管：10mL，最小分度 0.05mL。

移液管：10mL。

回流装置：在 50mL 磨口锥形瓶上装配球形冷凝管。

四、实验步骤

用移液管吸取 10.00mL 0.2mol/L KOH 乙醇溶液于磨口锥形瓶中，再准确量取 0.5mL 的酯试样加入锥形瓶，易挥发的酯须用小安瓿瓶称量。加入几粒沸石，装上回流冷凝管，用水浴或其他热浴将混合物加热回流 1～3h，使皂化反应完全。放冷后，用水冲洗冷凝管后加入 1～2 滴酚酞指示剂，用 0.1mol/L 盐酸标准溶液滴定至红色刚好消失为止，同时做一次空白测定。

当使用 5mL 0.15mol/L KOH 乙醇溶液时，可使样品量减少到 0.05mL 进行微量分析。

酯的百分含量可用下式计算：

$$酯含量 = \frac{(V_0 - V)cM}{1000mn} \times 100\%$$

式中　V_0——空白测定消耗的标准盐酸体积，mL；

V——样品测定消耗的标准盐酸体积，mL；

c——盐酸标准溶液的浓度，mol/L；

M——酯的摩尔质量，g；

m——样品的质量，g；

n——试样分子中酯基的数目。

酯的测定结果在工业生产及实际应用上也常用皂化值表示：

$$皂化值 = \frac{(V_0 - V)c \times 56.1}{m}$$

皂化值定义为 1g 试样用 KOH 皂化时所需 KOH 的毫克数，式中各符号意义与酯含量计算式相同。

五、注意事项

1. 易皂化的低级酯可直接在 KOH 醇溶液中进行皂化；一些难皂化的酯必须适当延长回流时间，以促使皂化完全。

2. 若样品中含有游离酸，则在皂化前须用碱预先中和；醛、酚、酰胺、腈对此法有干扰，应设法加以排除。

3. 若样品为含多种酯等的混合试样，则用皂化法不能排除干扰，惟有用气相色谱法或液相色谱法方能奏效。如有一试样,内含主要成分乙酸乙酯和乙酸甲酯、甲酸、乙醇、乙醛和水等杂质,用皂化法只能测定酯的总含量,但用气相色谱法采用如下条件能一次测定试样中各种酯及非酯成分各自的含量。

检法器:热导池。
色谱柱:2.0m×4.0mm。
固定液:聚乙二酸乙二醇酯与有机皂土-34复合。
担体:402高分子微球(80~100目)。
载气:H_2,流速35~40mL/mm。
柱温:检测室温度130℃,汽化室温度170℃。
进样:2~4μL。
分析结果如图5-10所示。

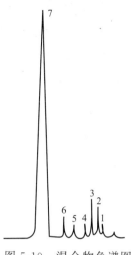

图5-10 混合物色谱图
1—空气;2—水;3—乙醛;
4—乙醇;5—甲酸乙酯;
6—乙酸甲酯;7—乙酸乙酯

六、思考题

1. 什么叫酯的皂化值?测定皂化值有何实际意义?
2. KOH-乙醇溶液有时会出现黄色,其原因何在?对测定结果有影响吗?
3. 用气相色谱法测定酯类有什么特点?

实验六十二 紫外光谱法测定安息香含量

一、实验目的

通过实验理解用紫外吸收光谱法测定含有芳基、共轭烯酮等共轭体系的有机化合物的原理及掌握现代分析仪器之一的紫外光谱的操作方法。

二、实验原理

安息香又名安息香胶,是一种植物性香料,其主要成分为苯甲酸、肉桂酸、香草醛和树脂,主要用作香料的定香剂,因前三种主要成分分子中均含有芳香环,当受到紫外或可见光照射时,其电子能级将发生跃迁,从而吸收一定频率的光,其吸光率(即光密度D)与溶液中物质的浓度c成正比(在一定浓度范围内),服从朗伯-比耳定律(Lambort-Beer):

$$D = \lg \frac{I_0}{I} = \varepsilon c L$$

式中　D——光密度,也称吸光度;
　　　I_0——入射光强度;
　　　I——透射光强度;
　　　ε——摩尔消光系数(对特定化合物在一定波长处,它是一个常数);
　　　c——待测样品溶液的浓度;
　　　L——吸收池长度,cm。

以上是紫外光谱法测定物质含量的理论基础。

三、试剂及仪器

安息香（基准物），甲醇，紫外-可见分光光度计。

四、实验步骤

准确称取安息香基准物 0.012g 于 100mL 容量瓶中，用甲醇溶解并稀释到刻度。然后分别吸取 0.2mL，0.4mL，0.6mL，0.8mL 和 1.0mL（用校正过的移液管）于 10.0mL 容量瓶中，用甲醇稀释到 10mL，标上瓶号 1、2、3、4、5，并分别计算出各瓶中相应溶液的浓度（μg/mL）。然后在波长 $\lambda_{max}=247$nm 处分别测出它们的光密度 D。然后以光密度 D 为纵坐标，以浓度 c 为横坐标绘制标准曲线如图 5-11 所示。

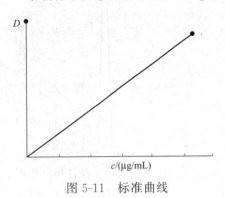

图 5-11 标准曲线

准确称取一定量的安息香，溶于相应体积的甲醇中配成待测溶液，然后加入石英比色皿中。测量出在 $\lambda_{max}=247$nm 处的光密度 D，通过标准曲线便可查出被测溶液的浓度，由此便可算出安息香的百分含量（以前三种主要成分表示）。

五、注意事项

1. 指定测量波长在 200～400nm 范围内必须用石英比色皿，400～800nm 才可用玻璃比色皿。

2. 比色皿的两个透光面不得用手指接触，每次用后必须洗净后用镜头纸轻抹干净。

六、思考题

1. 试根据紫外光谱基本原理指出本实验 $\lambda_{max}=247$nm 处测定安息香含量的理论依据。

2. 本实验能用苯作溶剂吗？

实验六十三 红外光谱的测试技术及应用

一、实验目的

了解傅里叶变换红外光谱仪的基本构造及工作原理，掌握红外光谱分析的基础实验技术，学会用傅里叶变换红外光谱仪进行样品测试，初步学会对红外吸收光谱图的解析。

二、实验原理

物质分子中的各种不同基团，在有选择地吸收不同频率的红外辐射后，发生振动能级之间的跃迁，形成各自独特的红外吸收光谱。据此可对物质进行定性、定量分析。特别是对化合物结构的鉴定时，应用更为广泛。

根据红外光谱与分子结构的关系，谱图中每一个特征吸收谱带都对应于某化合物的质点或基团振动的形式。因此，特征吸收谱带的数目、位置、形状及强度取决于分子中各基团（化学键）的振动形式和所处的化学环境。只要掌握了各种基团的振动频率（基团频率）及其位移规律，即可利用基团振动频率与分子结构的关系，来确定吸收谱带的归属，确定分子中所含的基团或键，并进而由其特征振动频率的位移、谱带强度和形状的改变，来推定分子结构。因此根据红外吸收光谱的峰位置、峰强度、峰形状和峰的数目，可以判断物质中可能存在的某些官能团，进而推断未知物的结构。

红外光谱除用波长 λ 表征外，更常用波数（wave number）σ 表征。波数是波长的倒数，表示单位厘米波长内所含波的数目。其关系式为：

$$\sigma(\text{cm}^{-1}) = \frac{10^4}{\lambda(\mu\text{m})}$$

作为红外光谱的特点，首先是提供信息多且具有特征性，故把红外光谱通称为"分子指纹"。其次，它不受样品相态的限制，无论是固态、液态以及气态都能直接测定，甚至对一些表面涂层和不溶、不熔融的弹性体（如橡胶）也可直接获得其光谱。它也不受熔点、沸点和蒸气压的限制，样品用量少且可回收，是属于非破坏分析。红外光谱已成为现代结构化学、分析化学最常用和不可缺少的工具。

三、仪器及试剂

傅里叶变换红外光谱仪；可拆式液池；压片机；玛瑙研钵；氯化钠盐片；标准聚苯乙烯薄膜；快速红外干燥箱。

溴化钾：于 130℃ 下干燥 24h，存于干燥器中；无水乙醇；苯甲酸。

四、红外光谱仪（FTIR）的构造及工作原理

红外光谱仪（FTIR）由光源、迈克尔逊干涉仪、样品池、探测器、数据处理系统组成。其构造和工作原理如图 5-12 所示。FTIR 是基于光相干性原理而设计的干涉型红外光谱仪。光源发出的红外辐射经干涉仪转变成干涉光，通过试样后得到含试样信息的干涉图，由电子计算机采集，并经过快速傅里叶变换，得到吸收强度或透光度随频率或波数变化的红外光谱图。

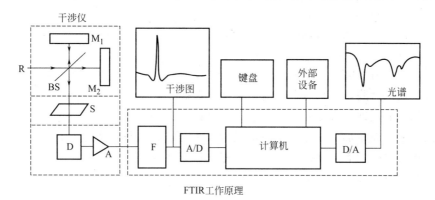

图 5-12 红外光谱仪的构造

R—红外光源；M_1—定镜；M_2—动镜；BS—光束分裂器；S—试样；
D—探测器；A—放大器；F—滤光器；A/D—模数转换器；D/A—数模转换器

五、谱图解析

所谓谱图解析就是根据实际上测绘的红外光谱所出现的吸收谱带的位置、强度和形状，利用基团振动频率与分子结构的关系，来确定吸收谱带的归属，确认分子中所含的基团或键，并进而由其特征振动频率的位移、谱带强度和形状的改变，来推定分子结构。有机化合物的种类很多，但大多数都由 C、H、O、N、S 卤素等元素构成，而其中大部分又是仅由 C、H、O、N 四种元素组成。所以说大部分有机物质的红外光谱基本上都是由这四种元素所形成的化学键的振动贡献的。

特征吸收峰的位置和强度取决于分子中各基团（化学键）的振动形式和所处的化学环

境。只要掌握了各种基团的振动频率（基团频率）及其位移规律，就可应用红外光谱来检定化合物中存在的基团及其在分子中的相对位置。首先确定所含的基团或键的类型，然后依据谱图上出现的特征吸收谱带的位置、强度、形状来确定分子中各个基团或键所邻接的原子或原子团（可参照各类化合物的特征振动频率图表和有关文献），就可推定分子中原子的相互连接方式，亦即是分子结构。在实际工作中，可采用直接法、否定法、肯定法或三种方法联合使用，以便得出正确的结论。

六、试样的制备

测定试样的红外光谱时，必须依据试样的状态、分析的目的和测定装置的种类等条件，选择能够得到最满意结果的试样制备方法。

1. 固体试样

（1）压片法　在红外光谱测定中被广泛用作固体试样调制剂的有 KBr、KCl，它们的共同特点是在中红外区（4000~400cm^{-1}）完全透明，没有吸收峰。被测样品与它们的配比通常是 1：100，即取固体试样 1~3mg，在玛瑙研钵中研细，再加入 100~300mg 磨细干燥的 KBr 或 KCl 粉末，混合研磨均匀，使其粒度在 2.5μm（通过 250 目筛孔）以下，放入锭剂成型器中。加压（5~10t/cm^2）3min 左右即可得到一定直径及厚度的透明片，然后将此薄片放在仪器的样品窗口上进行测定。

（2）熔融法　将熔点低且对热又稳定的试样，直接放在可拆池的窗片上，用红外灯烘烤，使之受热变成流动性的液体，盖上另一个窗片，按压使其展成一均匀薄膜，逐渐冷却固化后测定。

（3）薄膜法　将试样溶于适当的低沸点溶剂中，而后取其溶液滴洒在成膜介质（水银、平板玻璃、平面塑料板或金属板等）上，使溶剂自然蒸发，揭下薄膜进行测定。薄膜厚度一般约为 0.05~0.1mm。

（4）附着法　有些高分子物质、结晶性物质或像细菌膜那样的生物体试样，不能用溶液成膜法得到所需的薄膜，可将其试样溶液直接滴在盐片上展开，当溶剂蒸发后，在盐片的表面上形成薄的附着层即可直接测试。

（5）涂膜法　对于那些熔点低、在熔融时又不分解、升华或发生其他化学反应的物质，可将它们直接加热熔融后涂在盐片上，上机测试；另外对于不易挥发的黏、稠状样品，也可直接涂在盐片上（厚度一般约为 0.02mm），上机测试。

2. 液体试样

（1）沸点较高试样，直接滴在两块盐片之间，形成液膜（液膜法），上机测试。

（2）沸点较低，挥发性较大的试样，可注入封闭液体池中，液层厚度一般约为 0.01~1mm。

3. 气态试样

使用气体吸收池，先将吸收池内空气抽去，然后注入被测试样。

七、NICOLET380 傅里叶变换红外光谱仪操作规程

1. 机前准备

开机前检查实验室电源、温度和湿度等环境条件，电压稳定，室温为（21±5）℃，湿度≤65%才能开机。

2. 开机

开机时，首先打开仪器电源，稳定半小时，使得仪器能量达到最佳状态。开启电脑，并打开操作平台 OMNIC 软件，点击菜单中采集→实验设置→诊断，检查仪器状况是否正常。

同时红外干涉能量（最大值）应在 4.5 以上。满足以上条件仪器方可使用。

3. 制样

根据样品特性以及状态，制定相应的制样方法并制样。

4. 扫描和输出红外光谱图

测试红外光谱图时，先扫描空光路背景信号，再扫描样品文件信号，经傅里叶变换得到样品红外光谱图。根据需要，打印或者保存红外光谱图。

5. 关机

（1）关机时，先关闭 OMNIC 软件，再关闭仪器电源，盖上仪器防尘罩。

（2）在记录本上记录使用情况。

6. 注意事项

（1）保持实验室安静和整洁，不得在实验室内进行样品化学处理，实验完毕即取出样品室内的样品。

（2）保持实验室内干燥的环境，尽量避免打开水龙头。

（3）样品制备时一定要小心谨慎，使用模具和玛瑙研钵时拿好拿稳，损坏者一律照价赔偿。

（4）测试样品一般应干燥，且纯度应在 95% 以上为宜。

（5）离开实验室前，清洁实验台面和桌面。

八、实验内容

1. 波数检验：将聚苯乙烯薄膜插入红外光谱仪的样品池处，从 4000～650 cm^{-1} 进行波数扫描，得到吸收光谱。

2. 测绘无水乙醇的红外吸收光谱——液膜法：戴上指套，取两片氯化钠盐片，用四氯化碳清洗其表面，并放入红外灯下烘干备用。滴半滴液体试样于盐片上，然后由上至下均匀展开，厚度约为 0.02mm，上机测定。从 4000～650 cm^{-1} 进行波数扫描，得到吸收光谱。

3. 测绘苯甲酸的红外吸收光谱——溴化钾压片法：取 1～2mg 苯甲酸，加入 100～200mg 溴化钾粉末，在玛瑙研钵中充分磨细，使之混合均匀，取出约 80mg 混合物均匀铺洒在干净的压模内，于压片机上在 29.4MPa 压力下，压 1min，制成直径为 13mm、厚度为 1mm 的透明薄片。将此片装于固体样品架上，样品架插入红外光谱仪的样品池处，从 4000～650 cm^{-1} 进行波数扫描，得到吸收光谱。

4. 未知有机物的结构分析：从教师处领取未知有机物样品。用液膜法或溴化钾压片法制样，测绘未知有机物的红外吸收光谱。

以上红外吸收光谱测定时的参比均为空气。

九、数据处理

1. 将测得的聚苯乙烯薄膜的吸收光谱与仪器说明书或标准聚苯乙烯薄膜卡上的谱图对照。对 2850.7cm^{-1}、1601.4cm^{-1} 及 906.7cm^{-1} 的吸收峰进行检验。在 4000～2000cm^{-1} 范围内，波数误差不大于 ±10cm^{-1}。在 2000～650cm^{-1} 范围内，波数误差不大于 ±3cm^{-1}。

2. 标出试样谱图上各主要吸收峰的波数值，然后打印出试样的红外谱图。

3. 解析无水乙醇的红外吸收光谱图。指出谱图上主要吸收峰的归属。

4. 选择试样苯甲酸的主要吸收峰，指出其归属。

5. 根据红外吸收光谱图上的吸收峰位置，推断未知有机物可能存在的官能团及其结构式。

十、注意事项

1. 氯化钠盐片易吸水，取盐片时需戴上指套。扫描完毕，应用四氯化碳清洗盐片，并立即将盐片放回干燥器内保存。

2. 固体试样研磨过程中会吸水。由于吸水的试样压片时，易黏附在模具上不易取下，及水分的存在会产生光谱干扰，所以研磨后的粉末应烘干一段时间。

3. 用压片法时，一定要用镊子从锭剂成型器中取出压好的薄片，而不能用手拿，以免玷污薄片。

4. 处理谱图时，平滑参数不要选择太高，否则会影响谱图的分辨率。

十一、思考题

1. 特征吸收峰的数目、位置、形状和强度取决于哪两个主要因素？

2. 试样含有水分及其他杂质时，对红外吸收光谱分析有何影响？如何消除？

3. 压片法对 KBr 有哪些要求？为什么研磨后的粉末颗粒直径不能大于 $2\mu m$？研磨时不在红外灯下操作，谱图上会出现什么情况？

4. 羟基的伸缩振动在乙醇及苯甲酸中为何不同？

附　录

附录一　常见有毒和危险有机化学品简介

一、乙二胺
别名：1,2-乙二胺，1,2-二氨基乙烷。
理化性状：无色强碱性的挥发性液体。
危险情况：蒸气或液体对皮肤、黏膜和眼睛均有强刺激作用，能引起过敏，呈现出变态反应；吸入和皮肤吸收会中毒，如吸入高浓度蒸气可引起哮喘，发生致死性中毒；一般浓度对肺、肝、肾脏等均引起慢性中毒。易燃，有中等程度的燃烧危险。
贮存：可用玻璃瓶或聚乙烯塑料桶或用铁桶盛装，密封保存，最好存放在阴凉、干燥、通风良好并远离可能发生严重火灾的区域。铜及铜合金不准用来作贮存或搬运工具，与酸类物品及氧化剂隔开。防潮、防热。
废弃建议处理方法：控制焚烧〔用涤气器和（或）热力装置除去废气中的氮氧化物〕。

二、乙二醇
别名：甘醇（俗），1,2-乙二醇，1,2-亚乙基二醇。
理化性状：无色无臭透明黏稠状液体。
危险情况：摄入和吸入蒸气均可中毒，致死量约为 100mL。易燃，燃点 412℃。
贮存：用玻璃瓶或金属筒盛装。存放在阴凉、通风良好的地方，密封保存。长期贮存要氮封、防潮、防火、防冻。
废弃建议处理方法：焚烧。

三、乙苯
别名：苯基乙烷，乙基苯。
理化性状：无色液体。
危险情况：（1）摄入、吸入和皮肤吸收有中等程度的毒性。对皮肤的刺激性比甲苯、二甲苯更强，高浓度蒸气对眼和黏膜有强刺激作用，同时能使中枢神经系统先兴奋，而后呈麻醉状态。（2）易燃，有较大的燃烧危险，燃点 432℃。蒸气与空气形成爆炸性混合物，爆炸极限为 1.0%～6.7%。由于蒸气重于空气，能扩散到相当距离外的火源处点燃，并将火焰传播回来。
贮存：用玻璃瓶、铁皮罐或金属桶盛装。最好在户外存放或放在易燃液体专库内，远离容易起火地点。
废弃建议处理方法：焚烧。

四、乙腈
别名：氰代甲烷，甲基氰。
理化性状：无色透明液体。
危险情况：（1）有中等程度的毒性，高浓度的乙腈剧毒，可很快致死。（2）易燃，有较大的燃烧危险，燃点524℃。蒸气能与空气形成爆炸性混合物，爆炸极限4.4%～16%。蒸气重于空气，能扩散到相当距离外的火源处，并将火焰传播回来，因此要与氧化剂隔开。

贮存：用玻璃瓶或铁桶盛装。置阴凉处，密封保存。防止机械性损坏。最好使用露天仓库，室内仓库是标准的易燃液体仓库。

废弃建议处理方法：在以涤气器除去烟气中氮氧化物的条件下焚烧。

五、乙酰氯

别名：氯化乙酰。

理化性状：无色透明发烟液体。

危险情况：(1) 对皮肤和黏膜有腐蚀作用，对眼睛有强刺激性。(2) 易燃，燃点390℃，有较大的燃烧危险。蒸气能与空气形成爆炸性混合物，爆炸极限尚未确定。由于蒸气比空气重，所以能扩散到相当距离外的火源处点燃，并将火焰传播回来。遇水和醇有剧烈反应。加热至分解，可释放出HCl和剧毒的光气。

贮存：用玻璃瓶盛装，外加箱皮保护。防止机械性损坏。防潮、密封保存。存放于阴凉、通风良好处。离开火源。室内仓库必须是标准的易燃体库房或贮藏间，与氧化剂隔开。

废弃建议处理方法：与碳酸氢钠溶液慢慢混合，然后同大量水一起排入下水道，也可以焚烧。

六、乙酸

别名：醋酸（俗），木醋酸。

理化性状：无色透明有刺激的液体。

危险情况：(1) 纯乙酸吸入和摄入均有中等程度的毒性，但稀释的乙酸（约5%）可以食用。对人体皮肤有强刺激作用。10%以上的酸溶液有腐蚀性。(2) 冰醋酸在其闪点温度43℃以上时产生易燃蒸气。蒸气与空气形成爆炸性混合物。与铬酸、过氧化钠、硝酸或其他氧化剂接触能引起危险。

贮存：用玻璃瓶、酸坛、聚乙烯大瓶或衬聚乙烯的金属桶盛装，保持干燥，贮存温度应保持在冰点以上。避免大瓶、酸坛或玻璃容器破裂。冰醋酸容器防止机械性损坏。最好在附建的仓库内存放。与氧化剂隔开，并避免存放在可燃物附近。

废弃建议处理方法：焚烧。

七、乙酸乙烯酯

别名：乙烯基乙酸酯，醋酸乙烯酯，醋酸乙烯。

理化性状：无色可燃液体。

危险情况：(1) 乙酸乙烯酯有低毒，具有麻醉性。摄入和吸入会中毒。蒸气刺激眼睛。皮肤长期接触乙酸乙烯酯液体，有产生皮炎的危险。空气中含乙酸乙烯酯气体为1mg/L时，人停留10min可引起鼻炎，眼结膜充血。(2) 易燃，燃点426.6℃，蒸气与空气形成爆炸性混合物，爆炸极限2.6%～13.4%。蒸气置于空气（蒸气-空气相对密度在37.8℃时为1.5），能扩散到相当距离外的火源处点燃，并将火焰传播回来。该化学品接触过氧化物可急剧聚合，通常用对二酚或二苯酚进行阻化，以防止聚合。在温度升高时，如在火灾中，可发生聚合。如在容器内发生聚合，容器有可能破裂。

贮存：可用小罐、桶盛装，防止机械性损坏。贮存于阴凉通风处。远离火源，避免日晒。最好使用露天或附建的仓库在户外存放。室内仓库必须是标准的易燃液体专用库。应与氧化剂隔开。

废弃建议处理方法：焚烧。

八、乙酸乙酯

别名：醋酸乙酯。

理化性状：无色透明挥发性液体。

危险情况：（1）吸入和被皮肤吸收会发生中等程度中毒；对眼睛和皮肤、黏膜有刺激性。（2）易燃，燃点426℃，有较大的燃烧和爆炸危险，蒸气与空气形成爆炸性混合物，爆炸极限为2.2%～9%。

贮存：用玻璃瓶或铁桶盛装。存放在干燥、阴凉、通风良好的地方，远离任何容易起火的地点。防止机械性损坏。最好用露天或附建的仓库。室内仓库是标准的易燃液体库房或贮藏间。

废弃建议处理方法：焚烧。

九、乙酸丁酯

别名：醋酸丁酯。

理化性状：无色液体。

危险情况：有中等程度的毒性，对皮肤有刺激性。易燃，燃点421℃，有中等程度的燃烧危险。蒸气重于空气，蒸气能与空气形成爆炸性混合物，爆炸极限为1.4%～7.6%。

贮存：用玻璃瓶或金属桶盛装，防止机械性损坏。存放在阴凉、通风良好的地方，远离容易起火的地点。最好在户外存放，使用露天或附建的仓库，室内须存放在标准的易燃液体专用库内，与氧化剂隔开。

废弃建议处理方法：焚烧。

十、乙酸正丙酯

别名：醋酸丙酯。

理化性状：无色透明液体。

危险情况：本品的毒性基本上和乙酸乙酯相同，参见"乙酸乙酯"。易燃，燃点842℉（450℃），有较大的燃烧危险。蒸气与空气形成爆炸性混合物，爆炸极限2%～8%。蒸气比空气重，能扩散到相当距离外的火源处点燃，并将火焰传播回来。

贮存：用玻璃瓶或金属桶盛装，防止机械性损坏。应存放在阴凉、通风良好的地方，最好使用露天或附建的仓库。远离容易起火的地点。室内仓库必须是标准的易燃液体库房或贮藏间。与氧化剂隔开。

废弃建议处理方法：焚烧。

十一、乙酸异丙酯

别名：醋酸异丙酯。

理化性状：无色透明液体。

危险情况：（1）有中等程度的毒性。（2）易燃、易爆、易挥发，燃点460℃。有较大的燃烧危险。蒸气能与空气形成爆炸性混合物，爆炸极限1.8%～7.8%。

贮存：用玻璃瓶或金属桶盛装，防止机械性损坏。置阴凉通风处、密封保存。远离任何容易起火的地点。室内仓库必须是标准的易燃液体专库。

废弃建议处理方法：焚烧。

十二、乙酸甲酯

别名：醋酸甲酯。

理化性状：无色挥发性液体。

危险情况：易燃燃点501℃，有较大的燃烧和爆炸危险。蒸气能与空气形成爆炸性混合物，爆炸极限3%～6%。对呼吸道有刺激性。

贮存：用玻璃瓶或金属桶盛装。置阴凉处，密闭保存。

废弃建议处理方法：焚烧。

十三、乙酸戊酯

别名：醋酸戊酯，香蕉水（俗）。

理化性状：无色液体。

危险情况：具中等程度的毒性，易燃，燃点380℃，有较大的燃烧危险。蒸气能与空气形成爆炸性混合物，爆炸极限为1.1%～7.5%。

贮存：用玻璃瓶或金属桶盛装，防止机械性损坏。置阴凉处，避光保存。与氧化剂隔开。

废弃建议处理方法：焚烧。

十四、乙酸酐

别名：醋酸酐，乙酐，醋酐，氧化乙酰，乙酰化氧。

理化性状：无色透明液体。

危险情况：(1) 有强烈的刺激性和腐蚀性，蒸气的刺激性更强，能引起组织细胞的蛋白质变性，高浓度时会使皮肤和眼睛灼伤与损害，经常接触微量会引起皮炎、慢性结膜炎。(2) 易燃，燃点385℃。有中等的燃烧危险，蒸气与空气能形成爆炸性混合物，爆炸极限为3%～10%。

贮存：用玻璃瓶或带箱皮保护的大玻璃瓶或铝桶盛装，防止机械性损坏。最好使用露天或附建的仓库。存放在阴凉、通风良好的地方，密封保存，远离火源和热源。避免存放在地窖、洼地和地下室。与其他仓库隔开。室内仓库必须是标准的易燃液体仓库。

废弃建议处理方法：焚烧。

十五、乙醇

别名：简称醇，又名酒精，火酒（俗）。

理化性状：无色透明液体。

危险情况：(1) 摄入少量乙醇对人体的作用是先兴奋后麻醉，摄入大量乙醇对人体有毒。中毒程度取决于乙醇在人脑中的浓度。主要看实际情况，如和巴比妥酸盐（或类似的药物）一同摄入，即使摄入中等数量的乙醇，也是非常危险的，甚至可能导致死亡。此外，酒精中毒，大多是经常过量饮酒所致，一般可发生呕吐、失去理智、昏迷等麻醉症状，严重者陷于致死性的虚脱而造成突然残废。(2) 易燃，燃点422℃，有较大的燃烧危险，其蒸气能与空气形成爆炸性混合物，爆炸（或燃烧）极限为3.3%～19%。

贮存：工业乙醇用铁桶，无水乙醇用玻璃瓶或铁桶盛装，防止机械性损坏。贮存于阴凉处，防热、防火、防晒。在户外存放，最好使用露天或附建仓库，室内须放在易燃液体专用库内。

废弃建议处理方法：焚烧。

十六、乙醛

别名：醛。

理化性状：无色易流动的挥发性液体。

危险情况：(1) 乙醛系易燃有毒液体。对眼、皮肤和呼吸器官有刺激性，轻度中毒会引起气喘、咳嗽及头痛等症状，重者引起肺炎及脑膜炎。液体进入眼中能引起严重烧伤，蒸气较长时间吸入，有麻醉作用，引起昏迷。(2) 易燃，燃点365℉（185℃），有较大的燃烧和爆炸危险，蒸气能与空气形成爆炸性混合物，爆炸极限为4％～57％。蒸气重于空气，能扩散至相当距离外的火源处点燃，并将火焰传播回来。(3) 反应性很灵敏，极易氧化和还原，在空气中，乙醛易与不稳定的过氧化物起氧化作用，并能引起自爆。

贮存：用耐压玻璃金属桶盛装。存放在有制冷设备、通风良好的不燃材料结构的建筑物内，不准与碱性物品（如烧碱、氨、胺）、卤素、醇、酸酐、苯酚或氧化剂存放在同一库房内，远离火源。室内仓库须是标准专用库。应与其他仓库隔开。

废弃建议处理方法：焚烧。

十七、乙醚

别名：二乙（基）醚，醚，麻醉（用）醚。

理化性状：无色透明易挥发易燃液体。

危险情况：(1) 吸入和摄入能发生中等程度的中毒。(2) 非常易燃，燃点180℃，遇热或火焰时，有严重的燃烧和爆炸危险。其蒸气与空气混合极易爆炸，爆炸极限1.85％～48％。见光或久置空气中，逐渐被氧化成过氧化物，受热能自行着火与爆炸。与过氯酸或氯作用亦发生爆炸，故较汽油更危险。在蒸馏提纯之前，必须先使过氧化物分解，才可进行操作。乙醚极易被静电点燃，因此有时也会由于静电引起火灾。纯醚的蒸气较空气重2.5倍。由于乙醚蒸气重于空气，因此能扩散到相当距离外的火源处点燃，并将火焰传播回来。燃烧时产生毒性，能使人昏迷。

贮存：用玻璃瓶或铁桶盛装，防止机械损坏。避光、置阴凉处、密封保存。最好使用刚建的露天仓库，室内仓库须是标准的易燃液体专用库，对大量贮存的仓库必须有自动喷水装置和全部淹没式CO_2灭火喷射装置防护。对静电和照明须加防护。与其他可燃物和氧化物隔开。

废弃建议处理方法：(1) 不含过氧化物的浓废液：接近引火炬，在控制速度下放出液体。(2) 含过氧化物的浓废液：离一安全距离，穿孔废液贮存器，将废液排放出，然后在露天下燃烧。

十八、乙胺

理化性状：无色挥发性易燃液体。

危险情况：(1) 摄入会中等程度中毒，蒸气或液体对呼吸道有强烈刺激作用，并能腐蚀皮肤和眼睛。(2) 极易燃，燃点312℃，有很大的燃烧危险。蒸气与空气形成可燃性混合物，燃烧极限为1.8％～10.1％。由于蒸气重于空气，因此能扩散到相当距离外的火源处点燃，并将火焰传播回来。

贮存：由于与空气接触能形成可燃性混合物，故应盛于密闭容器内，用铁桶包装，防止机械性损坏。贮存于阴凉通风处，最好用露天仓库或附建的仓库贮存。使用室内仓库贮存时，仓库须是标准的易燃液体专用库。严禁烟火，防止日光直射，应与爆炸物、易燃物、氧化剂隔开。

废弃建议处理方法：焚烧，焚化炉备有涤气或热力装置，以减少NO_x的排出。

十九、二甲苯

别名：混合二甲苯。

理化性状：无色透明液体。

危险情况：（1）有中等毒性，摄入和吸入均有毒。高浓度蒸气（如 1000mg/m³ 以上时）除损伤黏膜、刺激皮肤及上呼吸道外，还呈现兴奋、麻醉作用，直至造成出血性肺气肿而致死。(2) 易燃，燃点 463.8～528.9℃，有中等程度的燃烧危险，在常温或接近常温时，可放出易燃蒸气，蒸气能与空气形成爆炸性混合物，爆炸极限为 1%～7%。

对二甲苯易燃，有较大的燃烧危险，由于蒸气重于空气，可以扩散到相当距离外的火源处点燃，并将火焰传播回来。

间二甲苯，易燃，燃点 527.7℃，有中等程度的燃烧危险。

邻二甲苯，可燃．燃点 463.8℃，中等程度的燃烧危险。

贮存：用玻璃瓶金属桶盛装，防止机械性损坏。最好使用露天仓库或附建仓库在户外存放，室内须放在标准的易燃液体专用库内。

废弃建议处理方法：焚烧。

二十、二苯胺

别名：N-苯基苯胺。

理化性状：无色至浅灰色单斜叶状结晶。

危险情况：（1）本化学品有较高的毒性，摄入和经皮肤吸收会引起中毒。其毒性较苯胺稍低，而其病理现象却类似于苯胺。当溅及人体刺激皮肤和黏膜时，可引起血液中毒（生成高铁血红蛋白）等症状。(2) 易燃，燃点 633℃。其蒸气能与空气形成爆炸性混合物，爆炸极限下限为 0.7%。

贮存：用内衬聚乙烯塑料袋的纸袋（或麻袋）包装，防止机械性损坏。贮存于阴凉、通风良好、干燥的地方，避光、密封保存，注意防火、防热。

废弃建议处理方法：将废弃物同易燃溶剂混合，然后放在备有复燃室和涤气器的焚化炉内焚烧。

二十一、二硝基甲苯

理化性状：黄色结晶。

危险情况：（1）吸入、吞取或吸收该化学品有高毒，可能慢性发作，即从外表看不出是中毒，但当饮用酒后易发病，如饮大量酒，则会加重症状，经数小时突然出现昏睡、意识不清、神志昏迷等症状。有时能引起肝脏损害。(2) 可燃，在发生火灾时，有爆炸危险。一般情况下只有在极强烈的起爆剂作用下才会爆炸。

贮存：用玻璃瓶或铁皮罐盛装，外加箱皮保护。或用铁桶或备有衬里的木桶盛装。放置容器须防破坏。贮存于阴凉通风处。须与强氧化剂和还原剂隔绝。

废弃建议处理方法：预处理包括被二硝基甲苯污染的废物同碳酸氢钠和燃料混合，然后放在备有碱洗涤设备的焚化炉内焚烧。

二十二、1,1-二氯乙烷

别名：亚乙基二氯，不对称二氯乙烷。

理化性状：无色透明中性流性液体。

危险情况：有中等程度的毒性。易燃。

贮存：密封避光阴凉处保存。

废弃建议处理方法：焚烧或与其他易燃燃料混合后焚烧，后者更为可取。必须注意，要保证完全燃烧，以防止产生光气。为除去所产生的氢卤酸，酸涤气器是必要的。

二十三、1,2-二氯乙烷

别名：二氯化乙烯，氯化乙烯，亚乙基二氯。

理化性状：无色透明油状液体。

危险情况：（1）摄入、吸入和皮肤吸收均有毒，对眼和皮肤有强刺激性，并能引起严重损伤。（2）可能致癌。（3）易燃。燃点401.7℃，有较大的燃烧危险，蒸气能与空气形成爆炸性混合物，爆炸极限6.2%～16%。由于蒸气重于空气，因此能扩散到相当距离外的火源处点燃，并将火焰传播回来。

贮存：用金属桶盛装，防止机械性损伤。应贮于阴凉通风处，最好使用露天或附建仓库在户外存放，室内须放在标准的易燃液体专库内，远离火源，与氧化剂隔开。

废弃建议处理方法：焚烧或用其他易燃燃料混合后焚烧，后者更为可取。必须注意，要保证完全燃烧，以防止光气产生。为除去所产生的氢卤酸，酸涤气器是必要的。另一方面可从废气中回收1,2-二氯乙烷。

二十四、氯甲烷

理化性状：非燃烧无色挥发性液体。

危险情况：（1）低浓度毒性很小且苏醒较快，可用作麻醉剂。对眼、皮肤和呼吸器官有刺激性，但在高浓度蒸气中可引起麻醉甚至死亡。（2）一般情况下蒸气不燃，与空气混合也不爆炸，但在大约100℃或以上的温度下与空气形成易燃的气体混合物，燃点6.62℃，爆炸极限12%～19%。

贮存：用玻璃瓶或金属桶盛装，防止机械性损坏。存放在阴凉、干燥、通风良好的地方，并远离任何容易起火的地点。

废弃建议处理方法：焚烧或与其他易燃燃料混合后焚烧则更为可取。必须注意，要保证完全燃烧，以防止产生光气，为除去所产生的氢卤酸，装备酸涤气器是必要的。

二十五、二氯苯

别名：二氯（代）苯，二氯化苯。

理化性状：有三种异构体。邻二氯苯为无色可挥发的重质液体；间二氯苯为无色液体；对二氯苯为白色结晶。

危险情况：邻二氯苯：（1）本品具有较高的刺激性，吸入和摄入有中等毒性，短时间的接触有轻微的刺激，长时间的接触，会损害中枢神经系统和肝脏，引起黄疸病和腹部疾患。（2）可燃，燃点647℃，爆炸极限2.2%～9.2%。

对二氯苯：（1）摄入有中等毒性，对眼和黏膜有刺激作用。（2）可燃。

间二氯苯：（1）有毒。（2）可燃。

贮存：用铁桶盛装，存放在阴凉、干燥、通风良好的地方，最好使用露天附建的仓库。远离容易起火地点，与氧化剂隔开。

废弃建议处理方法：焚烧或与其他易燃燃料混合后焚烧则更为可取。必须注意，要保证完全燃烧，以防止产生光气，为除去所产生的氢卤酸，装备酸涤气器是必要的。

二十六、丁烯二腈

理化性状：无色针状结晶。

危险情况：用作杀菌剂、金属切削液的防腐剂、有机合成、制造苯乙烯和许多其他化合物的聚合物。

二十七、顺（式）丁烯二（酸）酐

别名：马来酐，2,5-呋喃二酮，失水苹果酸酐。

理化性状：白色针状结晶。

危险情况：(1) 有毒，其毒性比顺式丁烯二酸大。对皮肤、眼睛和黏膜有强刺激性，造成化学烧伤。直接接触引起过敏，对眼敏感，并能引起急性视力障碍。(2) 易燃，燃点 476℃。熔融时挥发出易燃蒸气。爆炸极限为 1.4%～7.1%。尘雾遇火或火星会引起爆炸，因此，操作设备密封，工作现场应通风，操作人员要戴防毒面具。

贮存：用纤维袋或用塑料袋外加铁桶盛装，防止机械性损坏。密封存放于阴凉、通风、干燥处，最好使用露天或附建的仓库，与其他仓库隔开，特别要与碱金属及胺类隔开。远离任何可能发生严重火灾的地方，对水分及氧化剂要加防护。贮存期 3 个月。

废弃建议处理方法：控制焚烧。必须注意，要使之完全氧化成非毒产物。

二十八、丁烷

别名：正丁烷，液化石油气，甲基乙基甲烷。

理化性状：无色气体。

危险情况：(1) 在高浓度中有麻醉作用。(2) 极易燃，有较大的燃烧和爆炸危险，燃点 405℃，与空气能形成爆炸性混合物，爆炸极限 1.9%～8.5%（体积分数）。

贮存：用钢瓶贮运。存放在阴凉、干燥、通风良好的地方。最好使用露天或附建的仓库，在户外存放，远离任何容易起火的地点。

废弃建议处理方法：控制焚烧。

二十九、丁酮

别名：甲基乙基（甲）酮，2-丁酮。

理化性状：无色易燃液体。

危险情况：有毒，接触和吸入会使眼、鼻、喉等受刺激。易燃，燃点 515℃，有较大的燃烧危险，蒸气能与空气形成爆炸性混合物，爆炸极限 2%～10%。

贮存：用铁桶盛装，防止机械性损坏。密封保存。最好使用露天或附建的仓库在户外存放，室内须放在标准的易燃液体专用库内。与氧化剂隔开。

废弃建议处理方法：焚烧。

三十、正丁醇

别名：丁醇，1-丁醇，伯丁醇。

理化性状：无色液体。

危险情况：(1) 较长时间吸入有毒，其毒性与乙醇大致相同，对眼有刺激性，能被皮肤吸收。(2) 易燃，燃点 365℃，有中等程度的燃烧危险，蒸气能与空气形成爆炸性混合物，爆炸极限 3.7%～10.2%。

贮存：用金属桶盛装。存放在阴凉、干燥、通风良好的地方，温度保持在 35℃ 以下，仓库内防火防爆，远离任何容易起火的地点。最好使用露天或附建的仓库在户外存放，或放在标准的易燃液体专用库内。

废弃建议处理方法：焚烧。

三十一、（正）己烷

别名：正己烷，己（级）烷。

理化性状：无色易挥发液体。

危险情况：(1) 有中等毒性。(2) 极易燃，燃点260℃，有较大的燃烧危险，蒸气与空气形成爆炸性混合物，爆炸极限1.2%～7.5%。

贮存：用玻璃瓶或铁桶盛装。置阴凉处，密封保存。与氧化剂隔开。

废弃建议处理方法：焚烧。

三十二、丙二胺

别名：1,2-二氨基丙烷，1,2-丙二胺。

理化性状：无色透明黏稠液体。

危险情况：(1) 本品有毒，摄入和皮肤吸收均会中毒，对皮肤和黏膜有刺激性。(2) 易燃，有较大的燃烧危险。

贮存：用铁桶盛装，贮存于阴凉通风处。最好使用露天或附建的仓库，室内须是标准的易燃液体专用库。与氧化剂隔开。严禁火种。

废弃建议处理方法：进行控制性焚烧（焚烧须备有涤气器或热力装置，以减少NO_2的排出）。

三十三、丙二腈

别名：氰基乙腈。

理化性状：无色结晶。

危险情况：本品有毒，摄入和吸入均会中毒。

贮存：用玻璃瓶或铁桶盛装。存放在阴凉、通风良好的地方。避免受热并与碱性物质隔离。

三十四、1,2-丙二醇

别名：1,2-二羟基丙烷，亚甲基二醇。

理化性状：无色黏稠稳定的吸湿性液体。

危险情况：(1) 本品低毒，刺激性也非常小，至今仍未发现受害者。但也有报道说，如添加到食品和饮料中，会有肾脏障碍的危险。(2) 易燃，燃点514℃，燃烧热1803kJ/mol。

三十五、丙烯腈

别名：氰乙烯，乙烯基氰。

理化性状：无色、易挥发的液体。

危险情况：(1) 本品高毒，吸入和经皮肤吸收均会中毒。本品还是已知的致癌物。(2) 易燃，燃点481℃，有较大的燃烧危险。蒸气能与空气形成爆炸性混合物。爆炸极限3%～17%。由于蒸气重于空气，因此能扩散到相当距离外的火源处点燃，并将火焰传播回来，引起火灾。当暴露在高浓度的碱性溶液中时会发生剧烈聚合作用。温度升高时（如在火灾中）能自行聚合，该聚合如在容器内进行，能引起容器的剧烈爆炸。

贮存：可用具有衬里的金属桶盛装。置阴凉处。密封保存。最好使用露天或附建的仓库，室内须放在标准的易燃液体专用库内。不准有碱、氨、胺类等碱性物质或氧化剂存放在库内。任何情况下，禁止存放未加阻化剂的丙烯腈。

废弃建议处理方法：在备有涤气器和复燃室以除去废气中 NO_2 的条件下焚烧。有人提出过包括用乙醇、氢氧化钠处理的化学处理方法：蒸发乙醇，加入次氯酸钙124h后将其产物同大量水一起排入下水道。从丙烯腈加工的废液中回收丙烯腈是一种可考虑的处理方法。

三十六、丙烯酸

别名：乙烯基甲酸。

理化性状：无色液体。

危险情况：(1) 本品有毒。吸入蒸气会引起中毒；对皮肤有刺激性和腐蚀性，其水溶液刺激皮肤和黏膜，被腐蚀后起泡，也能刺激眼和呼吸道，是严重伤害眼睛的化学品之一。(2) 易燃，蒸气能与空气形成爆炸性混合物。在常温下，不加阻聚剂的大量该品能快速自行聚合，并随之而可能发生剧烈爆炸，因此，贮存和运输时必须加入阻聚剂。

贮存：用玻璃瓶、塑料桶或不锈钢金属桶盛装。最好使用附建的仓库。存放在阴凉、通风良好、不燃的建筑物内、避光、密封保存。如使仓库温度保持在其熔点12.1℃以下，则不论是否加有阻聚剂，本品都可安全贮存较长时间。这期间要从容器内倒出本品时，必须将冰状的酸全部熔化并搅拌均匀。本品的蒸气是活性的，能在贮罐的通风口或阻火器口形成聚合物，将孔口堵塞。与氧化剂隔开。

废弃建议处理方法：焚烧。

三十七、丙烯醇

别名：烯丙醇，烯丙基醇，乙烯基甲醇，2-丙烯-1-醇。

理化性状：无色液体。

危险情况：(1) 本品是醇类中毒性较强的一种，摄入和吸入均能引起中毒，其蒸气对皮肤、眼睛、咽喉和黏膜有强刺激性，对眼特别危险，能强烈催泪，浓度很高时可致失明；如附着在皮肤上，可引起灼伤。加热会生成有毒烟雾。吞服和吸入有高毒。(2) 易燃，燃点375℃，有中等程度的燃烧危险，蒸气能与空气形成爆炸性混合物，爆炸极限为2.5%～18%，由于蒸气重于空气（蒸气-空气相对密度37.8℃时为1.1），因此能扩散到相当距离外的火源处点燃，并将火焰传播回来，引起火灾。

贮存：用白铁桶盛装，防止机械性损坏。置阴凉处、密封保存。最好使用露天或附建的仓库在户外存放，室内须放在标准的易燃液体专用库内，与氧化剂隔开。

废弃建议处理方法：用易燃溶剂稀释后焚烧。

三十八、丙酮

别名：二甲酮。

理化性状：无色透明易挥发液体。

危险情况：(1) 本品有毒，吸入和摄入有低到中等的毒性。(2) 易燃，燃点537℃，有较大的燃烧危险。蒸气能与空气形成爆炸性混合物，爆炸极限2.6%～12.8%。

贮存：用玻璃瓶或铁桶盛装，置阴凉处、密封保存。

废弃建议处理方法：焚烧。

三十九、丙酸

别名：羧酸乙烷、乙烷羧酸。

理化性状：无色油状液体。

危险情况：（1）本品低毒，对皮肤、眼睛和黏膜有强刺激性。（2）易燃，燃点512℃，有中等程度的燃烧危险。

贮存：用玻璃瓶或铁桶盛装。防止机械性损坏。最好使用露天或附建的仓库在户外存放，室内须放在标准的易燃液体专用库内。与氧化剂隔开。

废弃建议处理方法：与易燃剂混合后焚烧。

四十、丙醇

别名：正丙醇。

理化性状：无色挥发性液体。

危险情况：（1）本品低毒。（2）易燃，燃点371℃，有极大的燃烧和爆炸危险。蒸气能与空气形成爆炸性混合物，爆炸极限2%～13%。

贮存：用玻璃瓶或铁桶盛装。存放在阴凉、通风良好的地方，远离任何容易起火的地点。最好使用露天或附建的仓库在户外存放，室内须放在标准的易燃液体专用库内。

废弃建议处理方法：焚烧。

四十一、甲苯

别名：苯基甲烷。

理化性状：无色透明液体。

危险情况：（1）本品有中等程度的毒性，吸入、摄入和皮肤吸收会引起中毒，过度吸入蒸气会由于呼吸器官中枢麻痹而导致死亡。对皮肤、眼睛和黏膜、呼吸器官有较强的刺激性。（2）易燃，有较大的燃烧和爆炸危险，燃点536℃，蒸气能与空气形成爆炸性混合物，爆炸极限1.27%～75%。由于蒸气重于空气（在37.8℃时蒸气-空气相对密度为1.2），因此能扩散到相当距离外的火源处点燃，并将火焰传播回来，引起火灾。

贮存：用玻璃瓶、铁皮罐或铁桶盛装，防止机械性损坏。置阴凉处、密封保存，最好使用露天或附建的仓库。室内须放在标准的易燃液体专用库内。与氧化剂隔开。

废弃建议处理方法：焚烧。

四十二、甲酸

别名：蚁酸。

理化性状：无色发烟液体。

危险情况：（1）本品有毒，吸入和经皮肤吸收会引起中毒，对眼、皮肤和黏膜有刺激性。（2）可燃，燃点600℃（90%溶液为134℃），具有一定程度的失火危险，爆炸极限为18%～57%。有强腐蚀性。

贮存：用不锈钢金属桶盛装，或用塑料桶外加木条框保护或用大玻璃瓶盛装，外加皮箱保护。防止结冰和机械性损坏。存放在阴凉、通风良好的地方，最好使用露天或附建的仓库（特别是销售部门），避免受热或阳光照射。与硫酸和氧化剂仓库隔开。

废弃建议处理方法：焚烧。

四十三、甲醇

别名：木醇，木精。

理化性状：无色透明、易挥发、高度极性液体。

危险情况：（1）本品有毒，摄入和吸入会引起中毒，误食严重者能失明和死亡。（2）极易燃，燃点464℃，燃烧时生成蓝色火焰。易被氧化或脱氢生成甲醛、甲酸，最后生成二氧化碳。蒸气能与空气形成爆炸性混合物，爆炸极限为6.0%～36.5%（体积分数）。

贮存：用玻璃瓶或铁桶盛装。置阴凉、通风良好处，密封保存。

废弃建议处理方法：焚烧。

四十四、甲醛

别名：福尔马林。

理化性状：无色气体。

危险情况：(1) 本品有毒，吸入蒸气和摄入液体均会引起中毒，对皮肤、眼睛和呼吸器官有强刺激作用。(2) 易燃，燃点430℃，气体极易从溶液中蒸发，并在空气中燃烧，有中等程度的燃烧危险。在空气中的爆炸极限为7%～73%。

贮存：用玻璃瓶或衬防腐蚀材料的金属桶盛装。防止机械性损坏。应存放于通风、干燥的库房，避光、密封。15℃以上温度下保存（21～25℃为宜，低于10℃极易聚合，不宜存放很久）。室内仓库应布置在邻近有排放沟的地方。与氧化物及碱性物品隔开。

废弃建议处理方法：焚烧，此外，从废水中可回收甲醛。

四十五、四氢呋喃

别名：氧杂环戊烷。

理化性状：液体。

危险情况：(1) 摄入和吸入有中等毒性，对眼、皮肤和呼吸器官有刺激并有麻醉作用。(2) 易燃，燃点321℃，有较大的燃烧危险，蒸气能与空气形成爆炸性混合物，爆炸极限2%～11.8%。虽接触空气或光线时能形成爆炸性有机过氧化物，但通常用阻化剂可防止其形成过氧化物。由于蒸气重于空气（蒸气-空气相对密度在37.8℃时为1.6），能扩散到相当距离外的火源处点燃，并将火焰传播回来。

贮存：用铁皮或镀锌铁桶盛装。置阴凉、黑暗、通风、干燥处密封保存。最好使用露天或附建的仓库，室内须放在标准的易燃液体专用库内。要定期检查以确定其过氧化物含量，并保持1%的阻化剂。与氧化剂隔开。严禁烟火。

废弃建议处理方法：过氧化物的浓废液，离一安全距离，穿孔废液容器，让废液排出，继之露天燃烧。

四十六、四氯化碳

别名：四氯甲烷，全氯甲烷。

理化性状：无色透明不燃烧的液体。

危险情况：(1) 本品有毒。摄入、吸入和经皮肤吸收均会引起中毒。在高浓度下会引起麻醉或死亡。(2) 在高温下会分解成高毒的光气（碳酰氯），因此，不能用来灭火。是已知的致癌物。

贮存：用金属罐、金属桶等盛装，入库时桶要横卧，避免日晒，应存放在阴凉、干燥、通风良好的地方，避光、密封保存。远离热源和任何可能发生严重火灾的地区，以防止生成光气。

废弃建议处理方法：焚烧或与别的易燃燃料混合后焚烧更为可取。必须注意，要保证完全燃烧，以防止光气产生。为除去所产生的氢卤酸，装置酸涤气器是必要的。凡有可能，进行蒸馏回收和提纯。

四十七、呋喃甲醛

别名：糠醛，亚糠醛，呋喃亚甲基，麸醛。

理化性状：无色油状液体。

危险情况：（1）本品有毒，吸入和摄入会引起中毒，对皮肤、眼睛和黏膜有刺激作用。（2）易燃，燃点396℃，其蒸气能与空气形成爆炸混合物，爆炸下限为2.1%。

贮存：用玻璃瓶或清洁干燥的金属桶盛装，防止机械性损坏。存放在阴凉、通风良好的地方（气温保持在40℃以下），远离容易起火的地点。严禁烟火。不得暴露于空气和日光中，避光，密封保存。最好使用露天或附建的仓库。与氧化剂和强酸隔开。

废弃建议处理方法：焚烧。

四十八、吡啶

别名：吖啶，氮杂苯，一氮三烯六环。

理化性状：无色或淡黄色液体。

危险情况：（1）本品有毒，吸入和摄入会中毒，液体及其蒸气对皮肤、眼睛和呼吸道有明显刺激作用，因有恶臭，所以发生致命中毒的情况不多。（2）极易燃，燃点482℃，有较大的燃烧危险。蒸气能与空气形成爆炸性混合物，爆炸极限1.8%～12.4%。加热时分解放出氰化物烟雾。由于蒸气重于空气（蒸气-空气相对密度在37.8℃时为1.1），因此能扩散到相当距离外的火源处点燃，并将火焰传播回来，引起火灾。

贮存：用玻璃瓶或镀锌小口铁桶盛装，防止机械损坏。最好使用露天或附建的仓库在户外存放。室内须放在标准的易燃液体专用库内。与强氧化剂隔开。

废弃建议处理方法：控制焚烧，借助涤气器、催化或热力装置除去废气中的氮氧化物。

四十九、环己烷

别名：六氢化苯，饱苯。

理化性状：无色流性液体。

危险情况：（1）吸入和皮肤接触有中等毒性，对皮肤、眼睛和呼吸道有刺激作用。（2）易燃，燃点260℃，有较大的燃烧危险。蒸气能与空气形成爆炸性混合物，爆炸极限1.8%～8.4%。

贮存：用玻璃瓶、铁桶或特种金属桶盛装。存放在阴凉、干燥、通风良好的地方，远离容易起火地点。最好使用露天或附建的仓库在户外存放，室内须放在标准的易燃液体专用库内。与氧化剂隔开。

废弃建议处理方法：焚烧。

五十、苯

理化性状：无色至浅黄色易挥发非极性的液体。

危险情况：（1）本品有中等毒性，摄入、吸入或经皮肤吸收均引起中毒，吸入高浓度的苯能引起麻醉症状，严重者甚至死亡。反复吸入较低浓度的苯也常常会中毒，造成造血系统病变，对皮肤、眼睛和黏膜有刺激性。（2）易燃，有较大的燃烧危险，燃点562℃，蒸气能与空气形成爆炸性混合物，爆炸极限1.5%～8%，由于蒸气重于空气（蒸气-空气相对密度在37.8℃时为1.4），因此能扩散到相当距离外的火源处点燃，并将火焰传播回来。是可疑的致癌物。

贮存：用玻璃瓶或金属桶盛装，防止机械性损坏。置阴凉处、密封保存。最好使用露天或附建的仓库在户外存放，室内须放在标准的易燃液体专用库内。与氧化剂隔开。

废弃建议处理方法：焚烧。

五十一、苯乙酮

别名：乙酰苯，甲基苯基甲酮。

理化性状：无色液体。

危险情况：在高浓度下有麻醉作用，安眠作用。

贮存：用玻璃瓶和金属罐、桶盛装，避光、密封保存。

废弃建议处理方法：焚烧。

五十二、苯胺

别名：氨基苯。

理化性状：无色油状液体。

危险情况：(1) 本品剧毒，吸入蒸气、摄入和经皮肤吸收均引起中毒。过多的接触能使呼吸器官麻痹，与水反应生成的烟雾有毒。并对皮肤、眼睛和黏膜有刺激。液体能烧伤皮肤。(2) 是一种过敏素。(3) 易燃，燃点615℃，蒸气能与空气形成爆炸性混合物。爆炸极限下限为1.3%，上限不明。

贮存：用玻璃瓶或金属桶盛装。存放在阴凉、干燥、通风良好的地方，避光、密封保存。最好使用露天或附建的仓库。注意检查容器有无渗漏。远离容易发生火灾的地区。

废弃建议处理方法：在用涤气器、催化或热力装置除去废气中NO_x的条件下，焚烧。

五十三、萘

别名：焦油樟脑。

理化性状：(1) 本品有毒，吸入浓蒸气或粉末会引起中毒，能刺激皮肤、眼睛和呼吸道。(2) 受热放出易燃蒸气。蒸气或细粉状萘与空气能形成爆炸性混合物，爆炸极限0.9%~5.9%，燃点527℃。

贮存：用玻璃瓶、铁皮罐、粗麻布袋、纸袋或木箱盛装，防止机械性损坏。存放在阴凉、远离火源的地方，避免受热。与氧化剂隔开。

废弃建议处理方法：焚烧。

五十四、硝基苯

别名：密斑油，苦杏仁油。

理化性状：黄色或黄色油状液体。

危险情况：(1) 本品有毒，吸入、摄入和皮肤吸收会引起中毒，严重者能致死（口服15滴即能致死）。(2) 可燃，燃点482℃，蒸气能与空气形成爆炸性混合物，爆炸极限不明。

贮存：用玻璃瓶盛装，外加箱皮保护，或用金属桶盛装，防止机械性损坏、冻结与受强热，避光、密封保存。存放于阴凉干燥处，最好使用附建的仓库，与其他仓库隔开。远离任何可能发生严重火灾的区域。

废弃建议处理方法：在洗涤以减少NO_x排出的条件下焚烧（982.2℃，2.0s）。

五十五、氯乙醇

别名：2-氯乙醇。

理化性状：无色透明液体。

危险情况：(1) 本品有毒，摄入、吸入和皮肤吸收会引起中毒，严重者会致死，有强刺激性。(2) 易燃,燃点 425℃,有中等程度的燃烧危险。蒸气能与空气形成爆炸性混合物,爆炸极限 4.9%～15.9%。

贮存:用玻璃瓶或金属桶盛装。存放在阴凉、通风良好的地方,远离任何容易起火的地点。最好使用露天或附建的仓库在户外存放,或放在易燃液体专库内。

废弃建议处理方法:焚烧或与其他易燃燃料混合后焚烧更为可取。必须注意,要保证完全燃烧,以防止光气产生。为除去所产生的氢卤酸,装置酸涤气器是必要的。

五十六、氯甲烷

别名:一氯甲烷,甲基氯,氯代甲烷。

理化性状:可压缩的无色气体或液体。

危险情况:(1) 本品高毒,吸入高浓度的氯甲烷有麻醉作用,能引起中枢神经损害,轻者造成慢性病,重者有时会导致死亡。(2) 易燃,燃点 632℃,有较大的燃烧和爆炸危险,能与空气形成爆炸性混合物。爆炸极限为 10.7%～17%,蒸气重于空气(蒸气相对密度 1.8)。

贮存:用耐压钢瓶贮装,防止机械性损坏,放置钢瓶须防碰撞。存放在阴凉、通风良好及不燃性材料构造的仓库内。最好使用露天或附建的仓库在户外存放,远离火源。

废弃建议处理方法:在适当洗涤和有灰分处理装置的条件下控制焚烧。

五十七、氯仿

别名:三氯甲烷。

理化性状:无色、透明、高折射率、重质、易挥发的液体。

危险情况:(1) 蒸气有毒,吸入会引起中毒。具有麻醉性。摄入或较长时间吸入会致死。美国食品管理局禁止在食品、药品和化妆品的包装,包括止咳药牙膏等的包装中使用本品。(2) 不燃,但较长时间暴露于火焰或高温下能燃烧,发出慢毒和刺激性烟雾。如露置在日光、氧气、湿气中,特别是和铁接触时,则产生光气使人中毒。在高热作用下,能生成氯化氢和光气。

贮存:用玻璃瓶或金属桶盛装,可加 5% 无水酒精作稳定剂。存放在阴凉、干燥、通风良好的地方。与强碱类物品隔开。为防止生成光气,应避光、隔热贮存。

废弃建议处理方法:焚烧或与其他易燃燃料混合后焚烧更为可取。必须注意,要保证完全燃烧,以防止光气产生。为除去所产生的氢卤酸,装置酸涤气器是必要的。

凡有可能,应进行回收,通过蒸馏提纯,送回供应厂。

附录二 常用有机化工原料简介

一、正己烷

英文名:n-Hexane

分子式:$CH_3(CH_2)_4CH_3$

分子量:86.17

性状:无色透明液体,易挥发。相对密度(d_4^{20})0.65937,沸点 68.742℃,熔点 -95℃,折射率 1.37486(20℃)。闪点 -9°F。溶于醇、酮和醚等有机溶剂,不溶于水。

来源：从铂重整装置的抽余油内精馏分离，除去轻重组分后，得含正己烷纯度为60%～80%馏分，再经0501型催化剂加氢，除去苯等不饱和烃得到合格正己烷。

二、二氯乙烷

英文名：1,2-Dichloroethane；1,2-Ethylene dichloride

分子式：CH_2ClCH_2Cl

分子量：98.97

性状：无色透明油状液体。气味与氯仿相似。相对密度（d_4^{20}）1.2569，折射率1.444，沸点83.5℃，熔点-35.5℃，闪点13℃。可溶于大多数有机溶剂，微溶于水。遇酸、碱、水等不分解。具有抗氧化性。

来源：乙烯和氯通入充满有二氯乙烷的氯化塔中，在35～40℃的条件下得粗二氯乙烷。再经碱洗，精制得成品。

三、四氯化碳

别名：四氯甲烷

英文名：Carbon tetrachloride

分子式：CCl_4

分子量：153.82

性状：无色透明液体，易挥发，有氯仿的甜香，相对密度（d_4^{20}）1.5940，熔点-22.99℃，沸点76.54℃（1.0132×10^5 Pa）。与醇、醚、氯仿、苯等有机溶剂混溶，微溶于水。对脂肪、橡胶、油类有很好的溶解性能。蒸气较空气重，不燃烧，但有较高毒性。

来源：氯气和二硫化碳在90～100℃温度下用铁粉作催化剂反应，经分馏、中和、精馏而得；或甲烷与氯气混合，在400～430℃下发生氯化反应得粗品，经中和、干燥、蒸馏提纯得四氯化碳。

四、溴乙烷

别名：溴代乙烷，乙基溴

英文名：Bromoethane；Ethylbromide；Bromicether

分子式：CH_3CH_2Br

分子量：108.94

性状：无色透明液体，易挥发，具有似醚的臭味。相对密度（d_4^{20}）1.4311，沸点38.4℃，凝固点-119℃。可溶于乙醇和乙醚，微溶于水。易燃，有毒。

来源：乙醇和溴化钠混合，硫酸作催化剂反应而得。或在溴中加入无水乙醇和硫黄，缓慢反应，经冷却，去酸而制得。

五、乙二醇

别名：甘醇

英文名：Ethylene glycol

分子式：CH_2OHCH_2OH

分子量：60.07

性状：无色透明黏稠状液体，无臭，略有甜味，吸水性强。相对密度（d_4^{20}）1.1088，熔点-11.5℃，沸点198℃，折射率1.4318（20℃），能溶于乙醚、氯仿，微溶于苯，与水、乙醇、丙酮和乙酸等相混溶。

来源：

1. 氧化法　将乙烯和纯氧混入反应循环气中（控制氧含量低于7％，乙烯低于15％），在装有银催化剂的固定床反应器中反应生成环氧乙烷，再用水吸收。乙二醇反应在管道反应器中加压和一定温度下液相进行，反应所得的乙二醇溶液经四效蒸发浓缩，脱水精馏而得。

2. 氯醇法　以乙烯为原料，经过次氯酸酸化，皂化，再经分馏而得环氧乙烷，再水合而得乙二醇。

六、乙醇

别名：酒精，火酒

英文名：Ethyl alcohol；Ethanol

分子式：CH_3CH_2OH

分子量：46.07

性状：无色液体，易挥发，有酒香味。相对密度（d_4^{20}）0.7893，熔点－117.3℃，沸点78.5℃，折射率1.3611（20℃），闪点14℃。与水、乙醚、丙酮、氯仿和乙酸可任意混溶。溶解范围广，对于碘、樟脑、色素等难溶或不溶于水的物质，均能被乙醇溶解。

来源：

1. 发酵法　用糖蜜发酵或将含淀粉的农作物发酵制得。

2. 合成法　用石油裂解气中的乙烯为原料制乙醇，有硫酸吸收法和直接水合法两种。

（1）硫酸吸收法　乙烯吸收硫酸，生成硫酸乙酯，然后水解得乙醇。

（2）直接水合法　乙烯在磷酸、硅藻土催化作用下与水反应生成乙醇。

七、正丁醇

英文名：n-Butyl alcohol；n-Butanol

分子式：$CH_3CH_2CH_2CH_2OH$

分子量：74.12

性状：无色液体，有酒精气味。不黏稠。相对密度（d_4^{20}）0.8098，沸点117.25℃，熔点－89.5℃，闪点28.9℃（闭杯）。溶于水和苯，易溶于丙酮，与乙醇、乙醚相混溶。其蒸气能和空气形成爆炸性混合物，爆炸极限1.4％～11.2％（体积分数）。

来源：

1. 羰基合成法　焦炭造气得一氧化碳和氢气，与丙烯在高压及有钴系或铑系催化下羰基合成得正、异丁醇，加氧后分馏得正丁醇。

2. 发酵法　将各类山芋或糖蜜等原料经粉碎、加水成发酵胶液，用高压蒸气灭菌然后冷却，接入纯丙酮-丁醇菌种，在36～37℃下发酵。发酵时生成二氧化碳、氢气。发酵液中含乙醇、丁醇、丙酮，通常比例6∶3∶1。精馏后分别得丁醇、乙醇和丙酮等。也可不经分离用作溶剂直接使用。

3. 乙醛经醛醇缩合、脱水，生成丁烯醛，加氢后得正丁醇。

八、异丁醇

英文名：i-Butyl alcohol

分子式：$(CH_3)_2CHCH_2OH$

分子量：74.12

性状：无色透明液体。相对密度（d_4^{20}）0.806，熔点－108℃，沸点107℃，闪点100°F，折射率1.397（15℃）。溶于水、乙醇和乙醚。

来源：可用丙烯和合成气为原料，采用羰基合成法（脂肪酸钴丁醇溶液为催化剂）合成正、异丁醛，脱催化剂后加氢成正、异丁醇混合物。再脱水分离，分别得正、异丁醇，也可从生产甲醇的副产物异丁油中回收。

九、1,2-丙二醇

英文名：1,2-Propylene glycol

分子式：$CH_3CHOHCH_2OH$

分子量：76.07

性状：无色无臭透明液体，黏稠，具吸湿性。相对密度（d_4^{20}）1.0381，黏度（20℃）0.581mPa·s，沸点187.3℃，折射率1.43266，凝固点－59℃，闪点102℃，自燃点415℃。可与水、醇及大多数有机溶液混溶。易燃，几乎无毒。

来源：环氧丙烷与水在150～160℃，(7.8～9.8)×10^5Pa的压力下直接水合制得丙二醇；或用环氧丙烷与水用硫酸作催化剂间接水合制得。

十、丙烯醇

别名：蒜醇，乙烯甲醇

英文名：Allyl alcohol

分子式：$CH_2=CHCH_2OH$

分子量：58.08

性状：无色透明液体，有刺激性。相对密度（d_4^{20}）0.8520，熔点－129℃，沸点96.9℃，闪点32.7℃。与水、乙醇、氯仿、乙醚、石油醚等有机溶剂混溶。易燃。

来源：环氯丙烷异构化法。用环氯丙烷气化、预热，在28085℃、(9.8～19.6)×10^4Pa压力下悬浮反应。在磷酸锂作催化剂的条件下异构化而得。另法以丙烯醛为原料，异丙醇作还原剂，氧化铁和氧化锌作催化剂，控制温度在400℃范围，进行还原反应而得。

十一、异丙醇

别名：二甲基甲醇，2-丙醇

英文名：i-Propyl alcohol；2-Propanol

分子式：$CH_3CHOHCH_3$

分子量：60.60

性状：无色透明液体。味微苦。相对密度（d_4^{20}）0.785～0.787，熔点－89.5℃，沸点82.3℃。能与水、醇、醚、氯仿互溶，不溶于盐酸溶液中。有毒，易燃。

十二、甲醇

别名：木醇，木精，木酒精

英文名：Methanol；Methyl alcohol；Carbinol；Wood spirit；Wood alcohol

分子式：CH_3OH

分子量：32.04

性状：无色透明液体。

来源：采用煤、油、天然气体等为原料，经制气、净化、变换、除杂质等工艺，制成

CO。用锌、铬作催化剂,在(3.0~5.1)×10⁷Pa压力下,与氢反应,再经冷却、分离、精馏而成。

十三、环氧乙烷

别名:氧化乙烯,噁烷

英文名:Epoxyethane;Ethylene oxide

结构式:
$$\begin{array}{c} CH_2\!\!-\!\!CH_2 \\ \diagdown\!O\!\diagup \end{array}$$

分子量:45.03

性状:无色液体,具有醚的刺激性。相对密度(d_4^{20})0.87,酒精脱水生成乙烯,再经次氯酸化生成氯乙醇,然后与氢氧化钙皂化生成环氧乙烷粗品,再经分馏而得产品。

十四、氯乙醇

学名:2-氯乙醇

英文名:Ethylene chlorohydrin;2-chloroethanol

分子式:$ClCH_2CH_2OH$

分子量:80.44

性状:无色透明液体。相对密度(d_4^{20})1.197,沸点128~130℃,凝固点-67℃,折射率1.4419,闪点140°F。可与水、乙醇以任意比例混合。有毒。

来源:酒精脱水生成乙烯,经次氯酸酸化得5%稀氯乙醇,再经中和,蒸馏即得。

十五、乙酰丙酮

别名:2,4-戊二酮、戊间二酮。

英文名:Acetylacetone

分子式:$CH_3COCH_2COCH_3$

分子量:100.11

性状:无色液体,具有令人愉快的气味。相对密度(d_4^{20})0.9753,沸点140.5℃,凝固点23.5℃,闪点(闭杯)105°F。易溶于水,易燃。

来源:

1. 丙酮和烯酮作用可得乙酰丙酮。
2. 由乙酸酐和丙酮缩合得乙酰丙酮。

十六、乙醛

英文名:Acetaldehyde

分子式:CH_3CHO

分子量:44.05

性状:无色易流动液体。易挥发,有辛辣刺激气味。相对密度(d_4^{20})0.783,熔点-123.5℃,沸点20.2℃,闪点(开杯)-40°F。可与水、乙醇、乙醚、苯、汽油、甲苯、二甲苯和丙酮等相混溶。易燃,爆炸极限4.0%~57.0%(体积分数)。

来源:

1. 乙醇氧化法 乙醇蒸气在540℃,以银网作催化剂,被空气氧化得到乙醛。
2. 乙烯直接氧化法 乙烯和氧气通过含有氯化钯、氯化铜的盐酸水溶液催化剂,一步直接氧化合成乙醛。
3. 乙炔直接水合法 乙炔和水在汞催化剂或非汞催化剂作用下,直接水合得到乙醛。

十七、丁酮

别名：甲基乙基酮

英文名：2-Butanone; Methyl ethyl ketone

分子式：$CH_3COC_2H_5$

分子量：72.10

性状：无色透明液体，味似丙酮。相对密度（d_4^{20}）0.805，凝固点$-86℃$，沸点79.6℃，闪点1.7℃。能溶于水，高温时水中溶解度降低，能与乙醇、乙醚、苯混溶。

来源：丁烯和硫酸水合，在镍和氧化锌催化下合成仲丁醇，在425～475℃常压下再脱氢得丁酮。

十八、丁醛

英文名：Butyraldehyde; Butanal

分子式：$CH_3CH_2CH_2CHO$

分子量：72.10

性状：无色透明液体，相对密度（d_4^{20}）0.8016，熔点$-99℃$，沸点74.8℃，闪点（闭杯）$-6.67℃$。可与乙醇、乙酸乙酯、甲苯等多种有机溶剂和油类相混溶。

来源：正丁醇以银为催化剂，用空气氧化制得，亦可以巴豆醛催化加氢制成。

十九、双乙烯酮

别名：双烯酮

英文名：Diketene; Acetyl Ketene

结构式：
$$\begin{matrix} CH_2=C-O \\ | \quad\quad / \\ O-C=CH_2 \end{matrix}$$

分子量：84.07

性状：无色液体。有刺激气味，相对密度（d_4^{20}）1.096，凝固点$-7.5℃$，沸点127.4℃，闪点93℉。溶于水及普通溶剂。可燃，有毒。

来源：冰醋酸在磷酸三乙酯存在下，控温在750～780℃高温裂解得乙烯酮，然后在8～10℃低温聚合生成双乙烯酮。

二十、丙酮

别名：二甲酮

英文名：Aoetone; Dimethyl ketone

分子式：CH_3COCH_3

分子量：58.08

性状：无色液体，易流动，有芳香味，相对密度（d_4^{20}）0.792，熔点$-94.3℃$，沸点56.2℃，闪点（开杯）$-9.5℃$，与水、乙醇、乙醚、氯仿及大多数油类混溶。易燃。

来源：发酵法得到的丙酮和丁醇混合物，经分馏、精馏而得。或以丙烯和苯为原料制得异丙苯，再以空气氧化得过氧化氢异丙苯，以硫酸或树脂分解，得到丙酮和苯酚。

二十一、氯乙醛

英文名：Chloroacetaldehyde; Monochloroacetaldehyde, 2-Chloro-1-ethanal

分子式：$ClCH_2CHO$

分子量：78.48

性状：40％氯乙醛水溶液为无色透明液体，具有辣味。相对密度（d_4^{20}）1.19，沸点 99～100℃，凝固点－16.3℃，折射率（25℃）1.297。纯的氯乙醛闪点为190°F。溶于水、甲醇、丙酮。在水中浓度大于50％时可形成不溶性的半水合物。易燃，有毒。

来源：由氯和氯乙烯在氯化塔内反应6～7h，至氯乙醛含量为10％时，终止反应分离副产物三氯乙烷，得氯乙醛溶液。

二十二、乙酰乙酸乙酯

英文名：Ethyl acetoacetate

分子式：$CH_3COCH_2COOC_2H_5$

分子量：130.14

性状：无色透明液体，有水果香味。相对密度（d_4^{20}）1.0250，熔点（烯醇型）－80℃，折射率1.41937（20℃），闪点（闭杯）185°F。能溶于水和一般有机溶剂。可燃。

来源：醋酸在磷酸三乙酯存在下，在700～720℃反应生成乙烯酮。乙烯酮气体经冷冻、盐水冷却分离，除去未反应的醋酸和水等，用双乙烯酮进行吸收二聚得粗双乙烯酮，经精馏得92％～95％的精双乙烯酮。

双乙烯酮和无水乙烯在浓硫酸的催化下进行酯化制得乙酰乙酸乙酯粗品，再经减压精馏得成品。

二十三、乙酰胺

英文名：Acetamide

结构式：CH_3CONH_2

分子量：59.07

性状：无色透明针状结晶，易潮解。相对密度（d_4^{20}）1.159，熔点82℃，沸点223℃，折射率1.4274（78.3℃）。易溶于水、乙醇、氯仿、吡啶和甘油，微溶于乙醚。

二十四、丁二酸

别名：琥珀酸

英文名：Succinic acid

分子式：$(CH_2COOH)_2$

分子量：118.18

性状：白色三斜晶体或单斜晶体。相对密度（d_4^{20}）1.552～1.557，熔点181～185℃，沸点235℃（脱水分解），升华温度132～152℃，微溶于水，溶于乙醇和乙醚。

来源：石蜡氧化得混合二元酸氧化蜡，经过热水蒸气蒸馏，除去不稳定羟基油溶性酸及酯，水相含丁二酸，脱水得丁二酸结晶。另法氯乙酸甲酯经氰化，水解合成丁二酸。

二十五、正丁酸

别名：酪酸

英文名：*n*-Butyric acid

分子式：$CH_3CH_2CH_2COOH$

分子量：88.10

性状：无色油状液体，具刺激性。相对密度（d_4^{20}）0.9587，熔点－5～－8℃，沸点163.5℃（100924.75Pa），折射率1.3981，闪点170°F。能与水、醇、醚混溶。

来源：正丁醛氧化法。正丁醛在醋酸锰催化剂作用下，进行氧化反应制得粗正丁酸，经

精制得精正丁酸。

二十六、反丁烯二酸

别名：富马酸、延胡索酸

英文名：Fumaric acid；*trans*-1,2-Ethylenedicarboxylic acid；Allomaleic acid

分子式：
$$\begin{array}{c}HOOC\\ \diagdown \\ H\end{array} C=C \begin{array}{c} H \\ \diagdown \\ COOH\end{array}$$

分子量：116.03

性状：白色结晶，有水果酸味，在空气中稳定。相对密度 1.635，在 29℃下升华，熔点 287℃（封闭管中），温度升高，在水溶解度增大，不溶于氯仿和汞。可燃，无毒。

二十七、甲基丙烯酸

英文名：Methaerylic acid

分子式：$CH_2=C(CH_3)COOH$

分子量：86.09

性状：无色液体。相对密度（d_4^{20}）1.015，沸点 161~162℃，熔点 15~16℃，闪点 170℉。溶于水、乙醇、乙醚及大多数有机溶剂。容易聚合形成水溶性聚合物。可燃。

来源：用硫酸与氰化钠反应制取氢氰酸，然后用丙酮和氢氰酸在氢氧化钠存在下缩合制得丙酮氰醇，丙酮氰醇在硫酸作用下生成甲基丙烯酰胺硫酸盐，再水解得到甲基丙烯酸。

二十八、甲基丙烯酸甲酯

英文名：Methyl methacrylate

分子式：$CH_2=C(CH_3)COOCH_3$

分子量：100.12

性状：无色液体，易挥发。相对密度（d_{25}^{25}）0.940，凝固点 －16.3℃，沸点 101℃，闪点（开杯）10℃。微溶于水，溶于多数有机溶剂。容易聚合，易燃。

二十九、丙烯酸甲酯

英文名：Methylacxylate

分子式：$CH_2=CHCOOCH_3$

分子量：86.09

性状：无色液体，易挥发、有强辛辣气味。相对密度（d_4^{20}）0.9561，熔点 －76.5℃，沸点 80.5℃，闪点 －3.9℃。溶于乙醇、乙醚等。易聚合，易燃。

来源：丙烯腈在硫酸的催化下水解生成丙烯酰胺硫酸盐，再与甲醇进行酯化得到成品。

三十、氯乙酸

别名：一氯乙酸

英文名：Chloroacetic acid；Monochloro acetic acid

分子式：$ClCH_2COOH$

分子量：94.48

性状：无色或淡黄色结晶。有刺激气味，易潮解。相对密度（d_4^{20}）1.370，折射率（60℃）1.4330，工业品熔点 61.63℃，沸点 186~191℃。溶于水、乙醇、乙醚、苯等。不可燃，有强烈的腐蚀性。

来源：冰醋酸在硫黄催化剂存在下，于 95℃左右通氯气，然后经冷却、结晶、过滤、

除去母液即得氯乙酸晶体。

三十一、醋酸乙烯酯

别名：乙酸乙烯酯

英文名：Chloroacetic acid；Monochloro acetic acid

分子式：$CH_3COOC=CH_2$

分子量：74.08

性状：无色液体，易挥发。相对密度（d_4^{20}）0.940，凝固点−48.2℃，沸点101℃，闪点（开杯）10℃。溶于多数有机溶剂，不溶于水。可燃。

三十二、醋酐

别名：乙酸酐、无水醋酸

英文名：Acetic anhydride

分子式：$(CH_3CO)_2O$

分子量：102.09

性状：无色液体，有强烈的刺激性气味及腐蚀性。相对密度（d_4^{20}）1.0820，沸点139.55℃，熔点−73.1℃，闪点49.44℃。能溶于乙醇、苯、氯仿，与乙醚能任意混合。遇水即分解而成乙酸。易燃。

来源：乙酸裂化法以醋酸为原料，在高温真空下以三乙基磷酸酯为催化剂，乙酸蒸气在裂化管内裂解生成乙烯酮和水，经冷凝、冷却、分离，同时通入氨气作为稳定剂，再用冰乙酸吸收生成粗乙酸酐，经精馏而成。

三十三、醋酸乙酯

别名：乙酸乙醇，乙酸乙酯

英文名：Ethyl acetate

分子式：$CH_3COOC_2H_5$

分子量：88.11

性状：无色液体，有水果香味，易挥发。相对密度（d_4^{20}）0.9003，沸点77.06℃，熔点−83.578℃。溶于氯仿、丙酮、醇及醚，稍溶于水。能溶解硝化纤维、樟脑油脂等，是一种良好的溶剂。易燃。

来源：以冰醋酸和乙醇为原料，硫酸作催化剂进行酯化反应，经精制得成品。

三十四、醋酸丁酯

别名：乙酸丁酯、丁酯

英文名：Butyl acetate

分子式：$CH_3COOCH_2CH_2CH_2CH_3$

分子量：116.16

性状：无色透明液体，有果香味。相对密度（d_4^{20}）0.8825，沸点126.5℃，熔点−77.9℃，折射率1.3841（20℃）。微溶于水，溶于丙酮，可与乙醇、乙醚任意混溶。能溶解油脂、樟脑、氯化橡胶等。也是一种良好的溶剂。易燃。

来源：以冰醋酸和丁醇作原料，在硫酸作用下直接进行反应。然后精制得成品。

三十五、乙二胺四乙酸

别名：EDTA

英文名：Ethylene diamine tetracetic acid

结构式：
$$\begin{array}{c}CH_2COOH\\|\\N\\|\\CH_2COOH\end{array}-CH_2-CH_2-\begin{array}{c}CH_2COOH\\|\\N\\|\\CH_2COOH\end{array}$$

分子量：292.24

性状：白色粉末。220℃分解，不溶于普通有机溶剂。游离酸稳定性差，当加热到150℃时趋向脱羧基，在液体溶液中贮存和煮沸稳定。

来源：一氯醋酸和碳酸钠反应生成氯乙酸钠，在碱性溶液中氯乙酸钠和乙二胺缩合生成乙二胺四乙酸钠，然后再用硫酸酸化得乙二胺四乙酸成品。

三十六、乙醇胺

英文名：Ethanolamine

分子式：乙醇胺有三个异构体，即一乙醇胺、二乙醇胺和三乙醇胺。

性状：一、二、三乙醇胺在室温下均为无色透明液体，具黏稠性，冷时变为白色结晶固体，有轻微氨臭味，有吸潮性和强碱性，能与水、甲醇及丙酮混溶。

来源：乙醇胺是由环氧乙烷与氨反应而得的一、二、三乙醇胺的混合物。将粗乙醇胺减压蒸馏按不同馏分截取，可得一、二、三乙醇胺成品。三种乙醇胺的生成，因环氧乙烷与氨的比例不同而不同。

三十七、丙二胺

别名：1,2-二氨基丙烷

英文名：Propylenediamino；1,2-Diaminopropane

分子式：$NH_2CH_2CH(NH_2)CH_3$

分子量：74.13

性状：无色透明液体。吸湿性强，吸水后成半水化合物，具强碱性。无水物相对密度（d_4^{20}）0.8732，沸点119～120℃，闪点711℃，腐蚀性强。

来源：1,2-二氯丙烷与氨进行氨化反应，然后中和、浓缩、脱盐、精馏得成品。

三十八、丙烯腈

英文名：Acrylonitrile

分子式：$CH_2=CHCN$

分子量：53.06

性状：无色透明液体，味甜。相对密度（d_4^{20}）0.8004，冰点-83.5℃，沸点77.3℃，闪点0℃。可溶于有机溶剂如乙醇、丙酮、苯、四氯化碳、乙醚等，在水中有一定溶解度。

来源：由环氧乙烷与氢氰酸制得氰乙醇，再脱水得丙烯腈，也可用丙烯、氨、空气和水按一定比例进入反应器，在催化剂作用下生成丙烯腈。

三十九、环己烷

英文名：Cyclohexane

分子式：C_6H_{12}

结构式：⬡

分子量：84.16

性状：常温下为无色液体，有刺激性气味。相对密度（d_4^{20}）0.779，沸点80.7℃，凝固点6.3℃，折射率1.4263，闪点－18.3℃。不溶于水，易溶于乙醇、丙酮和苯。易燃。在空气中爆炸极限为1.31%～8.35%。

来源：纯苯在镍催化剂存在下，在液相加氢制得环己烷，反应生成物经冷却，蒸馏即得合格环己烷。

四十、环己酮

英文名：Cyclohexanone

结构式：⬡=O

分子量：98.14

性状：无色或微黄色透明油状液体。具有丙酮和薄荷的混合气味。相对密度（d_4^{20}）0.9478，熔点－16.4℃，沸点155.15℃，折射率1.4507（20℃），闪点63.9℃。微溶于水，能溶于乙醇、乙醚、丙酮、苯和氯仿等有机溶剂中。有微毒，对皮肤、黏膜有刺激性。

来源：

1. 苯酚法　以苯酚为原料，镍作催化剂，加氢得环己醇，然后以锌作催化剂，脱氧得环己酮。

2. 环己烷氧化法　以环己烷为原料，在没有催化剂存在下，用富氧空气氧化为环己基过氧化氢，然后环己基过氧化氢在铬酸叔丁酯催化剂存在下分解为环己醇和环己酮，醇酮混合物经过一系列的蒸馏精制即得合格产品。

四十一、环己醇

别名：六氢化酚

英文名：Cyclohexanol；Hexahydrophenol

结构式：⬡—OH

分子量：100.16

性状：无色油状液体或结晶。易潮解。相对密度（d_4^{20}）0.937，沸点160.9℃，闪点154℉，折射率1.465（22℃）。可与乙醇、醋酸乙酯、亚麻籽油、芳烃等多种有机溶剂混溶。易燃，爆炸极限为1.32%～11.1%。

来源：

1. 苯酚法　苯酚蒸气和氢气通过接触器进行加氢反应得到环己醇蒸气，经换热、冷凝、分离、除杂后，再精馏得环己醇。

2. 环己烷氧化法　环己烷液相空气氧化生成环己醇和环己酮，然后蒸馏分离得纯环己醇。

四十二、对二甲苯

别名：1,4-二甲基苯

英文名：p-Xylene；1,4-Dimethybenzene

结构式：H$_3$C—⬡—CH$_3$

分子量：106.16

性状：无色液体。相对密度（d_4^{20}）0.8611，熔点 13.2℃，沸点 138.5℃，折射率 1.5004（21℃），闪点 81℉。不溶于水，溶于乙醇和乙醚。

来源：甲苯进行烷基转移反应，生成二甲苯和苯。混合物在异构反应器中使部分间二甲苯异构化生成对二甲苯。

四十三、邻二甲苯

别名：1,2-二甲基苯

英文名：o-Xylene

结构式：

分子量：196.16

性状：无色透明液体。相对密度（d_4^{20}）0.8642，沸点 139.1℃，熔点 －47.87℃。不溶于水，可与乙醇、乙醚、苯等有机溶剂以任何比例混合。易燃，有麻醉性，有毒。

四十四、甲苯

英文名：Toluene

分子式：$C_6H_5CH_3$

分子量：196.16

性状：无色透明液体。有苯气味。相对密度（d_4^{20}）0.8669，沸点 110.6℃，熔点 －95℃。闪点 4.5℃（闭杯）。蒸气与空气能形成爆炸性混合物，爆炸极限 1.27%～7.0%（体积分数）。不溶于二硫化碳、丙酮和粗汽油，能与苯、醇、醚以任何比例混合。易燃，有麻醉性，有毒。

四十五、苯

别名：纯苯

英文名：Benzene

结构式：

分子量：78.11

性状：无色透明液体，易挥发，有芳香味。相对密度（d_4^{20}）0.87865，沸点 80.1℃，熔点 5.5℃。闪点 －11℃（闭杯）。爆炸极限 1.3%～7.1%（体积分数）。微溶于水，与醇、醚、丙酮、氯仿可以任何比例混合，易燃。有麻醉性，剧毒。

来源：

1. 炼焦副产品回收苯法　以炼焦副产品回收粗苯作原料，首先经初馏塔初馏，塔顶得轻苯，塔底得重苯。轻苯先经初馏塔分离，塔底混合馏分经酸、碱洗涤除去杂质，然后进行苯塔蒸吹，再经精馏得轻苯。

2. 铂重整法　用常压蒸馏得到的轻汽油（截取大于 65℃的馏分），经钼酸镍催化剂催化加氢脱硫、砷等杂质。再经铂催化剂在一定温度下反应生成含有 30%～50% 芳烃重整油，然后用二乙醇醚将芳烃和非芳烃分开，最后经芳烃精馏得产品苯、甲苯和二甲苯等产物。

四十六、萘

别名：精萘、骈苯、煤焦脑

英文名：Naphthalene

结构式：

分子量：128.17

性状：白色片状及粉状结晶，有樟脑味。易挥发易升华。相对密度（d_4^{20}）1.0253，熔点80.55℃，沸点218℃。不溶于水，易溶于热的乙醇、丙酮、苯、二硫化碳、氯仿及四氯化碳。能防蛀。较易燃。

来源：将煤焦油蒸馏，截取萘油，经脱酚、脱喹啉，蒸馏得成品。

四十七、苯甲醇

别名：苄醇

英文名：Benzyl alcohol，Phenyl carbinol

结构式：

分子量：108.13

性状：无色透明液体，稍有芳香味。相对密度（d_4^{20}）1.040~1.050，熔点－15.3℃，沸点205.3℃，闪点213°F，折射率1.5385~1.5406（20℃）。微溶于水，能与乙醇、乙醚、氯仿等混溶，可燃。

来源：氯化苄在弱碱水溶液中加沸水水解，经油水分离得粗苯甲醇，再经减压分馏得成品。

四十八、苯酚

别名：石炭酸

英文名：Phenol

结构式：

分子量：94.12

性状：白色结晶，久置后可变为淡红色甚至红色。有特殊臭味。相对密度（d_4^{20}）1.0576，熔点41℃，沸点181.75℃。能溶于水、乙醇、氯仿和二硫化碳，易溶于乙醚，与丙酮、苯、四氯化碳可以任何比例混溶。有极强腐蚀性和刺激性，有毒。

来源：

1. 磺化法　以苯为原料，用硫酸进行磺化后，用亚硫酸钠中和，再用氢氧化钠溶解，经酸化和减压蒸馏得苯酚。

2. 焦油法　粗酚经减压蒸馏而得。

四十九、对苯醌

别名：1,4-苯醌

英文名：p-Quinone，1,4-Benzoquinone

结构式：

分子量：108.09

性状：黄色或橙黄色结晶，有刺激味。相对密度（d_4^{20}）1.307，熔点115.7℃，能升华，其蒸气易挥发，并部分分解。微溶于热水，溶于乙醇、乙醚和碱。可燃。有毒。

五十、水杨酸

别名：沙利西酸、邻羟基苯甲酸、柳酸、2-羟基苯甲酸

英文名：Salicylic acid；2-Hydroxybenzoic acid；o-Hydroxybenxoic acid

分子式：HOC_6H_4COOH

分子量：138.12

性状：白色针状结晶或结晶性粉末。有辛辣味。相对密度（d_4^{20}）1.443，熔点 158~161℃，沸点 211℃（2666.44Pa），在76℃开始升华。微溶于水，溶于丙酮、松节油、乙醇、乙醚、苯和氯仿。

来源：用苯酚与氢氧化钠进行反应，生成苯酚钠，蒸馏脱水后，通二氧化碳进行羧基化反应，得水杨酸钠盐，再用硫酸酸化，制得粗品，经升华精制得成品。

五十一、对苯二甲酸

英文名：t-Phthalic acid

结构式：HOOC—〈benzene ring〉—COOH

分子量：166.13

性状：白色结晶体及粉末。相对密度（d_4^{20}）1.510。在300℃以上升华。溶于碱液，微溶于热乙醇，不溶于水、乙醚、冰醋酸和氯仿。可燃，低毒。

来源：

1. 对二甲苯低温氧化法　原料对二甲苯在醋酸溶液中，以醋酸钴（或醋酸锰）为催化剂，以三聚乙醛为氧化促进剂，在130~140℃温度和（1.5~4.1）×10^6Pa压力下，用空气一步低温生成对苯二甲酸。对苯二甲酸先在160℃，5.6×10^6Pa 压力下用醋酸洗涤，再在100℃和常压下用醋酸洗涤，然后干燥得产品对苯二甲酸。

2. 对二甲苯高温氧化法　对二甲苯以醋酸为溶剂，以醋酸钴、醋酸锰为催化剂，于221~225℃和 2.6×10^6Pa 压力氧化生成对苯二甲酸，然后精制得到。

五十二、苯甲酰氯

英文名：Benzoyl chloride

结构式：〈benzene ring〉—C(=O)—Cl

分子量：140.56

性状：无色透明液体。有特殊刺激性臭味。相对密度 1.2188，凝固点 −0.5℃，沸点197.2℃。折射率 1.5536（20℃），闪点 162°F。遇水或乙醇逐渐水解，生成苯甲酸或苯甲酸乙酯和氯化氢。溶于乙醚、氯仿、苯和二硫化碳。易燃。有腐蚀性。

来源：

1. 甲苯法　原料甲苯与氯气在光照情况下反应，侧链氯化生成三氯甲苯，后者在酸性介质中进行水解生成苯甲酰氯，并放出氯化氢气体。

2. 苯甲酸法　将苯甲酸加热熔融，于130~150℃通入光气酰氯化生成苯甲酰氯。

五十三、苯胺

别名：氨基苯、阿尼林油

英文名：Aniline；Aminobenzene

结构式：$\underset{}{\bigcirc}-NH_2$

分子量：93.12

性状：浅黄色油状液体，久置易变为棕色。有强烈气味。相对密度1.0235，熔点 -6.2℃，沸点184.4℃，折射率1.5663（20℃），闪点156℉（开杯）。易燃，有毒。

来源：硝基苯用铁粉还原，用消石灰中和，洗涤后经水蒸气蒸馏而得，或硝基苯在铜的催化下，在沸腾床反应器中气相加氢还原，得到苯胺，反应器冷凝分层后，减压精馏得成品。

五十四、硝基苯

别名：苦杏仁油、密斑油

英文名：Nitrobenzene；Nitro benzol；oil of mirbane

分子式：$C_6H_5ON_2$

分子量：123.05

性状：黄色至浅黄色透明液体。相对密度1.20。凝固点5.70℃，沸点210.65℃，闪点190℉，自燃点900℉，微溶于水，溶于乙醇、乙醚和苯。易燃，有毒。

来源：苯用硝酸、硫酸混酸连续硝化，经分离、水洗得硝基苯。

五十五、吡啶

英文名：Pyridine

分子式：C_5H_5N

分子量：79.10

性状：无色或微黄色液体。有令人恶心的臭味。相对密度（d_4^{20}）0.9780，凝固点 -42℃，沸点115.5℃，折射率1.50920（20℃），闪点66℉，能溶于水和有机溶剂，水溶液呈弱碱性。易燃，有毒。

来源：高温炼焦回收物中所得的粗轻吡啶，经分馏制得。

附录三 常见有机化合物的溶解度

乙醚

温度/℃	每100g 水层含乙醚/g	每100g 醚层含水/g	温度/℃	每100g 水层含乙醚/g	每100g 醚层含水/g
0	11.6	1.0	30	5.1	1.32
5	10.2	1.06	80	2.7	2.2
15	7.6	1.15			

乙酸乙酯

温度/℃	每100g 水层含乙酸乙酯/g	每100g 乙酸乙酯层含水/g	温度/℃	每100g 水层含乙酸乙酯/g	每100g 乙酸乙酯层含水/g
0	11.2	2.34	25	8.08	3.30
10	9.67	2.68	30	7.71	3.52
20	8.53	3.07	40	7.10	4.08

苯酚

温度/℃	每100g水层含苯酚/g	每100g酚层含苯酚/g	温度/℃	每100g水层含苯酚/g	每100g酚层含苯酚/g
10	7.5	75	55	14.1	59.5
30	8.8	69.8	60	16.7	55.4
50	12	62.7	65	21.9	49.2

苯胺

温度/℃	每100g水层含苯胺/g	每100g苯胺层含苯胺/g	温度/℃	每100g水层含苯胺/g	每100g苯胺层含苯胺/g
20	3.3	95.0	100	7.2	89.0
40	3.8	91.0	120	9.1	85.1
80	5.7	91.4	160	24.9	71.2

苯

温度/℃	每100g苯层含苯/g	温度/℃	每100g苯层含苯/g
10	99.955	40	99.905
20	99.943	60	99.836
30	99.925	73	99.700

乙酰苯胺

温度/℃	每100g饱和水溶液含乙酰苯胺/g	每100g乙酰苯胺油层含乙酰苯胺/g	温度/℃	每100g饱和水溶液含乙酰苯胺/g	每100g乙酰苯胺油层含乙酰苯胺/g
15	0.5		70	3.0	
20	0.52		80	4.5	
30	0.63		83.2	5.2	87.0
40	0.86		90	5.8	82.5
50	1.25		100	6.5	80.5
60	2.0		120	13.0	79.0

对硝基乙酰苯胺

温度/℃	每100g水溶解对硝基乙酰苯胺/g	每100g苯溶解对硝基乙酰苯胺/g
25	0.057	0.579
40	0.116	1.050

间二硝基苯

温度/℃	每100g苯溶解间二硝基苯/g	每100g氯仿溶解间二硝基苯/g	温度/℃	每100g苯溶解间二硝基苯/g	每100g氯仿溶解间二硝基苯/g
15	17.5	22.2	40	52.0	42.0
20	26.0	25.0	50	62.5	52.5
25	33.0	29.0	60	71.0	65.0
30	40.0	33.0			

间硝基苯胺

温度/℃	每100g水溶液含间硝基苯胺/g	每100g苯溶解间硝基苯胺/g	温度/℃	每100g水溶液含间硝基苯胺/g	每100g苯溶解间硝基苯胺/g
0	0.030		25		2.718
25	0.091		40		5.137
44	0.211		60.9		16.52
83.4	1.23		78.4		47.97

苯甲酸

温度/℃	每100g水溶解苯甲酸/g	温度/℃	每100g水溶解苯甲酸/g
0	0.170	40	0.555
10	0.210	50	0.775
20	0.290	60	1.155
25	0.345	80	2.714
30	0.110	100	5.875

肉桂酸

温度/℃	每100g水溶解肉桂酸/g	每100g无水乙醇溶解肉桂酸/g	每100g糠醛溶解肉桂酸/g
0	—	—	0.6
25	0.06	22.03	4.1
40	—	—	10.9

草酸

温度/℃	每100g水溶液含草酸/g	温度/℃	每100g水溶液含草酸/g
0	3.42	50	19.6
10	5.73	60	26.4
20	8.69	70	33.8
30	12.5	80	41.5
40	13.9	90	54.4

丁二酸

温度/℃	每100g水溶液含丁二酸/g	温度/℃	每100g水溶液含丁二酸/g
0	2.72	50	19.6
10	4.31	60	26.4
20	6.46	70	33.8
30	9.60	80	41.5
40	13.9	100	54.7

己二酸

温度/℃	每100g水溶解己二酸/g	温度/℃	每100g水溶解己二酸/g
15	1.44	60	17.6
34.1	3.08	70	34.1
40	5.12	87.1	94.8
50	9.24	100	100.0

酒石酸

温度/℃	每100g水溶液含酒石酸/g	温度/℃	每100g水溶液含酒石酸/g
0	51.6	50	66.1
10	55.8	60	68.6
20	58.2	70	71.0
30	61.0	80	73.2
40	63.8	100	77.5

酒石酸氢钾

温度/℃	每100g水溶液含酒石酸氢钾/g	温度/℃	每100g水溶液含酒石酸氢钾/g
0	0.34	50	1.85
10	0.39	60	2.40
20	0.57	70	3.13
30	0.95	80	4.17
40	1.37	100	6.15

蒽醌

温度/℃	每100g苯溶解蒽醌/g	每100g氯仿溶解蒽醌/g	温度/℃	每100g苯溶解蒽醌/g	每100g氯仿溶解蒽醌/g
0	0.110	0.340	50	—	1.256
20	0.256	0.605	60	0.974	1.577
40	0.495	0.994	80	1.775	—

附录四 常用元素原子量表

元素名称		原子量	元素名称		原子量
银	Ag	107.87	镁	Mg	24.31
铝	Al	26.98	锰	Mn	54.938
钡	Ba	137.34	氮	N	14.007
溴	Br	70.909	钠	Na	22.99
碳	C	12.01	镍	Ni	58.71
钙	Ca	40.08	氧	O	15.999
氯	Cl	35.45	磷	P	30.97
铬	Cr	51.996	铅	Pb	207.19
铜	Cu	63.54	钯	Pd	106.4
氟	F	18.998	铂	Pt	195.09
铁	Fe	55.847	硫	S	32.064
氢	H	1.008	硅	Si	28.086
汞	Hg	200.59	锡	Sn	118.69
碘	I	126.904	锌	Zn	65.37
钾	K	39.10			

主要参考文献

1. 北京大学化学系有机化学教研室. 有机化学实验. 北京：北京大学出版社，1990.
2. 兰州大学、复旦大学化学系有机化学教研室. 有机化学实验. 第 2 版. 北京：高等教育出版社，1994.
3. 曾昭琼. 有机化学实验. 第 3 版. 北京：高等教育出版社，2000.
4. 单尚等. 基础化学实验（Ⅱ）-有机化学实验. 第 2 版. 北京：化学工业出版社，2014.
5. 李霁良. 微型半微型有机化学实验. 北京：高等教育出版社，2003.
6. 山东大学、山东师范大学等高校合编. 基础化学实验（Ⅱ）-有机化学实验. 第 2 版. 北京：化学工业出版社，2007.
7. 刘湘等. 有机化学实验. 第 2 版. 北京：化学工业出版社，2014.
8. 赵剑英等. 有机化学实验. 第 2 版. 北京：化学工业出版社，2015.
9. 王玉良等. 有机化学实验. 第 2 版. 北京：化学工业出版社，2014.
10. 马祥梅等. 有机化学实验. 北京：化学工业出版社，2011.
11. 孔祥文等. 有机化学实验. 北京：化学工业出版社，2011.